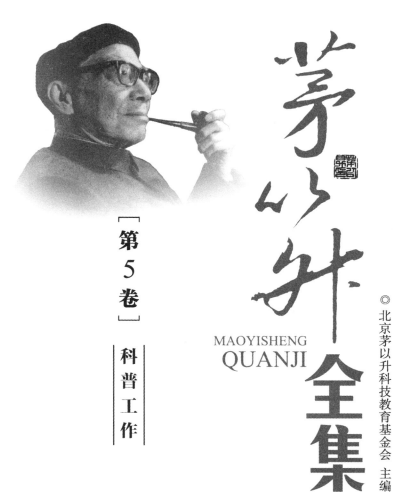

茅以升全集

MAOYISHENG
QUANJI

第 5 卷

科普工作

◎ 北京茅以升科技教育基金会 主编

U0359317

天津出版传媒集团
天津教育出版社
TIANJIN EDUCATION PRESS

图书在版编目（ＣＩＰ）数据

科普工作 / 北京茅以升科技教育基金会主编. -- 天
津：天津教育出版社，2015.12
　　（茅以升全集；5）
　　ISBN 978-7-5309-7821-4

　　Ⅰ．①科⋯ Ⅱ．①北⋯ Ⅲ．①科普工作—中国—文集
Ⅳ．①N4-53

中国版本图书馆CIP数据核字（2015）第191720号

茅以升全集 第5卷　科普工作

出 版 人	胡振泰
主　　编	北京茅以升科技教育基金会
选题策划	田　昕
责任编辑	于长金
装帧设计	郭亚非

出版发行	**天津出版传媒集团** 天津教育出版社 天津市和平区西康路35号　邮政编码　300051 http://www.tjeph.com.cn
经　　销	新华书店
印　　刷	北京雅昌艺术印刷有限公司
版　　次	2015年12月第1版
印　　次	2015年12月第1次印刷
规　　格	32开（880毫米×1230毫米）
字　　数	270千字
印　　张	13.5
印　　数	2000
定　　价	30.00元

目
CONTENTS
录

科学与技术

科学属于人民

茅以升全集 ⑤

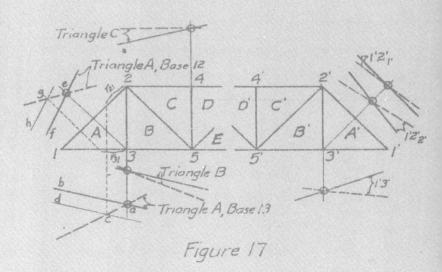

Figure 17

中国圆周率略史①

《中国数学史》的著者闽侯李俨先生，学识高深，世所罕见，常为国家学术不振、逐渐沦丧而叹息，他竭尽全力，夜以继日，为阐发我国古代数学成果而著述，实为当今奇人。我这篇文章能写成，和李俨先生的帮助是分不开的。

当我在唐山读书时，就很想写圆周率史，得李先生帮助，经过两年努力，文章有了雏形，但因材料庞杂我又每天埋在书堆之中，未能完成。现在远离祖国，手头书籍稀少，更难希望很快完成，因感于我国圆周率史迹，将材料提要删繁后，公之于世，称为略史，我想以后会有详史出现的。

径一周三这种圆周率，远古就有，但无法查证其出处②，

① 本文注释为作者原注。
② 《梅氏丛书辑要》，"周髀"所传的内容必在唐虞以前。

仅在"周髀"①中见过。陈子曾说过:以径一周三求得的圆周率,似乎古代人用时从无生涩感觉,而且已习惯沿用了。天象观测,各种圆环没有端点,研究者说因为奇数从三开始,所以产生这种圆周率②。古人认为这是十分平常的事,开初没有其他圆周率,但是临川纪氏③认为径一周三之下,原有各二十一分要增加一分的方法,但后来失传。实际上圆周率是无限小数的思想,古人已开始提出,所谓周三径一只是近似说法而已。"周髀"之后,"九章"④算是最古老的著述,方田、少广商功各章,都按照古率计算,这里的"圆田术"说:"直径平方的四分之三,等于周长平方的十二分之一。""开立圆术"说:"体积数乘以十六除以九开立方,即得球径。""圆亭积"说:"上下底面周长相乘,上下底周长各自平方再相加,用高乘后的三十六分之一……"按这样计算到西汉中叶⑤,还没有其他圆周率;两千多年之所以这样,就因为拘泥古法所致。

　　圆周长和直径比值中较精密的,要算从刘歆⑥开始,《九

---

①　姚首源《古今伪书考》,"周髀"之义未详。
②　《数学精详》朱子语。
③　《学疆恕斋笔算》。
④　《时务通考续》。
⑤　《四库全书总目》卷一〇七。
⑥　《隋书·律历志》。

章·方田》注①，晋武库中，汉朝王莽造铜斛，上刻着"新莽嘉量铭"，内方尺圆其外，正方形顶点到圆的距离②为九厘五毫，剖面积③一百六十二方寸④，深一尺，体积为一千六百二十立方寸，容量为十斗。

按照这样所得的圆周率，是中国的第一个了。注中又说，用刘徽的办法求，使圆内接正多边形边长很短时，如一百九十二边形之周长为三百一十四寸二十五分寸之四，那么除以半径，再乘以二，得六尺二寸八分二十五分寸之八，就是周长了。整个直径二尺，和周长相约⑤，直径为一千二百五十，圆周长将是三千九百二十七，就可得出圆周率。这种圆周率是谁得到的？注中开初未提到，但《隋书》卷十六《律历志》上说："祖冲之⑥用圆周率检查，认为这个铜斛直径应为一尺四寸三分六厘一毫九秒三忽，庞（内部正方形顶点到外圆距离）一分厘多一点，刘歆算庞少了一厘四毫，这是刘歆计算不准确造成的。"圆周率称为歆率⑦，当然不会是荒谬的，然而没有适当

---

① 李潢云："晋武库以下，疑是祖冲之语，淳风所谓显在徽术之下。"
② 原文为庞，内方斜径与外圆径之比。
③ 原文作幂（《勾股割圆记》），幂者覆巾之意，所以数学家称平圆平方的积为幂。
④ 原文写为一百六十二寸。
⑤ $\pi = 3927/1250$。
⑥ 方法见李潢《九章细草图说》。
⑦ 岑建功也定为歆率，见《割圆密率捷法》序。

证据,难于说是正确的。古人精心杰作,弄得毫无证据可查,真令人遗憾。刘歆后百年左右,安帝时有张衡的圆周率。《九章·少广立圆》注:"按张衡的方法,方周率八之面,圆周率五之面也,令方周六十四尺之面,即圆周四十尺之面也;又令径一尺,方周四尺,自乘得十六尺之面,是为圆周率十之面①,而径率一之面也。"张衡认为周三径一这种圆周率不对,所以改用新法,命圆周率为$\sqrt{10}$②,虽然这样计算圆周率大了,但算起来最容易,直至文化发达之今世还常用它。可见中国圆周率,足可与世界各种圆周率争光,这是一个证明。西洋数学史,都认为这种圆周率源于印度③,说在古希腊典籍中,没见过;而与希腊声息相通的阿拉伯也认为是印度发明,可能是印度人因为人有十指想到采用$\sqrt{10}$的。照他们这样说中国人倒有抄袭的嫌疑了,我愿和有学之士一同深入讨论。

汉末天下大乱,三国鼎立,正是造英雄的时势;而圆周率的计算正在这时有突破。在争战风云中,魏国有刘徽④,吴国

---

① "十"字"九章"原作十二,《衡斋遗书·校正算术》说:"看这股,前六字定为五字误写,而这'二',有些古书也有认为是十之三面。"

② $\pi = \sqrt{10}$。

③ 系 Brahmagupta 的圆周率。

④ 《隋书·律历志》认为刘在王先,现研究徽注"九章"在景元四年,而王蕃在甘露二年逝世(即景元七年)。当时 39 岁,似乎王蕃较先。日本数学家三上义夫,也同意这种说法,见 *The Circle Squaring of the Chinese*。

有王蕃，各自计算新圆周率①，他们计算的准确度为我们伟大祖国增添了光彩。魏景元四年，刘徽在《九章·方田》注释中说:"以正六边形的一边乘半径（按戴震《九章订讹》说，六觚在原书中误写为六弧，李潢②不同意，骆腾凤氏③也同意李的说法）乘六除以二得正十二边形的面积④，再分割时，用正十二边形的边长乘半径，乘六除以四则得正二十四边形的面积⑤。割得越细，相差越少。不断分割下去，直到不能再分为止，这时正多边形将与圆周相合，当然就没有差别了。"

以圆直径为二尺⑥开始算，"以圆直径的一半为弦⑦，半弦长为勾，用以求股，以弦长平方减去勾长平方，再开方得股，称为小勾；正六边形边长之半，又称为小股，以半径与股长之差为另一直角边，利用勾股定理可求得正十二边形的边长"。

仿照这样的方法⑧得正九十六边形的一边长，"用半径一尺乘，又以四十八乘之，得面积三万一千四百十亿二千四百

---

① 《算学启蒙》。
② 《九章算术细草图说》。
③ 《艺游录》。
④ 李潢说当作除以三。
⑤ 李潢说当作除以六。
⑥ 焦里堂《学算记》解释"弧"说:"西方方法以半径为一千万与刘氏假定二尺不谋而合。"
⑦ 陈万等《切问斋文钞》说刘徽、祖冲之和赵友钦从四角起算，所算圆周率与西方无毫厘之差，则刘氏用四角起算一定有错误。
⑧ 参见徐养源《刘徽割圆表》。

万忽;用百亿除之,得面积三百十四寸六百二十五分寸之六十四;作为圆面积的固定值,舍弃分后部分,用半径一尺去除圆面积,再加倍得六尺二寸八分,即圆周长。又令直径二尺,和圆周长相约,圆长得一百五十七,直径五十,让直径自乘得方幂(正方形面积)①,和圆面积相比较,圆面积一百五十七,外切正方形面积为二百,这是圆周长直径。方和圆形之间的比率,圆周率还略少一些"。刘徽的圆周率作为算书三率②之一,数千年来一直沿用,外国人也认为是中国特产③,圆周率值的精确程度,自然不需要再说什么,而割圆的方法和希腊孛赖生④不谋而合。后来的人⑤将圆分割求圆周率,虽然方法与刘徽的方法比稍有修改,但主要思想却一点没有改变,这自然是我国数学界的光荣。又:"几何定理⑥,圆面积比外切多边形面积小,如外切的边数愈多,则面积愈接近,二者之差可小到任意小。就是牛顿的纪函数,拉格朗日的各种函数变例,都没有超出刘徽的范围。"

王蕃的圆周率,见于《晋书》⑦,其中《天文志》说:"卢江

---

① $\pi = 157/50$。

② 古率,徽率,密率。

③ 见 Schubert's *Mathematical Essays E Recreations*。

④ 孛赖生(Bryson)与苏格拉底(Socrates)同时。

⑤ 钱塘《潜研堂文集》。

⑥ 林传甲《微积集证》。

⑦ 并见《宋书》卷二十三《天文志》。

王蕃长于数学,造了浑天仪,著书研究圆周率说'周三径一不对①,应是直径四十五寸周长一百四十二'。"比起刘徽的圆周率来说差得多了些。

刘王之后大约二百年,圆周率计算方面毫无声息,虽然数学家不少,但致力于圆周率的,据史籍所载,仅皮延宗一个人。《隋书》第十六卷《律历志》记载,"古时九数,圆周率三"。圆周率用周三径一得出,是十分粗糙的,刘歆、张衡、刘徽、王蕃、皮延宗等各自求得新圆周率,而彼此不同。皮延宗的名字,见于《何承天传》②,应说是刘宋初时候的人,他的圆周率怎样,已无法考证,后人只能惋惜而已。

那时数学书籍虽然可以看到,而采用以上几个人所用的圆周率的,一本书都没有,如《孙子算经》③《夏侯阳算经》《张邱建算经》(夏侯阳④自述说,五曹孙子著作很多,甄鸾刘徽,为孙子著作做过详细的解释,那么甄鸾在夏侯阳之前,而张邱建算经,有甄鸾注,张邱建更在甄鸾之前。数学书大多被后人改动过,不能根据书中只言片语以定时代的先后。从各种数学书看,张邱建和夏侯阳是晋朝人)等,都采用古时方法

---

① $\pi = 142/45$。

②   《宋书·律历志》。

③   《四库全书总目》,书内有佛书说孙子当系汉明帝以后的人。

④   《天算策学通纂》。

用周三径一计算圆周率,在当时一谈到圆,常是圆周长和直径并提,明确周三径一的如:《隋书》①,前赵孔挺造浑天仪,双规内径八尺,周长二丈四尺。《宋书》②,文帝元嘉十三年,令太史令钱乐之重造浑天仪,直径六尺八分少一点,周长一丈八尺二寸六分少一点,又造小浑天仪,直径二尺二寸,周长六尺六寸,都是周三径一。

祖冲之的圆周率,求得精确、漂亮,世上罕见,可谓千古独绝。它皎皎不同凡响,有如云中仙鹤。《隋书·律历志》说,守末(刘守)南徐州从事祖冲之创造密率,他以圆直径为一丈,周长盈数为三丈一尺四寸一分五厘九毫二秒七忽,朒数为三丈一尺四寸一分五厘九毫二秒六忽,圆周长的准确值在盈朒二数之间③(密率④),圆直径一百一十三,圆周长三百五十五⑤(约率);圆直径为七⑥,圆周长为二十二⑦。这是第5世纪⑧世界上最精确的圆周率数值了。那时,泱泱古国的印

---

① 卷十九《天文志》。

② 卷二十三《天文志》。

③ 3.1415927 > π > 3.1415926。

④ π = 355/113,"格致汇编说,将第一奇数至第三奇数,双写成行,得一一三三五五,将此六字首三位为分母,后三位为分子,即得此圆周率。"

⑤ 《翠徽山房算学》,径一一三,周当三五四九九九六九。

⑥ π = 22/7。

⑦ 《翠徽山房算学》,径七周二十一九九一一四八。

⑧ Moritz Cantor's Geschichte der Mathematik 误认乃祖为6世纪人。

度,仅有 3.1416 的值①,而文明先进的西欧也才到何呢?

徽率和密率,数学书上往往相提并论,所以有徽圆、密圆和徽径、密径②之称。这两种圆周率,哪种更精确开初没有判别,杨辉③虽有三率相比较的说法,但没有确定的判断,这以外的古书,更少有涉及的了。到近代才有戴震考察后说的④:"徽率与祖氏之约率比较,则徽率密于约率。"但这并非定论⑤,如以 3.1416 为圆周率,则徽率少万分之十六,而密率多万分之十二,祖冲之的约率比刘徽的圆周率更精确,淳风把它叫作密率⑥。

宋代讲学的人,到处皆是,讲学处于六艺之末,缺乏真正的数学家。然而沈括、秦九韶相隔百年各自阐发张衡的圆周率,圆周率发展史在这段时期也并非寂然无声,沈括《梦溪笔谈》说⑦:"以所割的数自乘,退一位,加倍,又用圆周直径除所得数,再加入割圆的直径,为割圆的弧。"秦九韶《数学九章》⑧说:"以方田及少广圆变求之,各置环圆径,自乘,为幂,进位

---

① Aryabhatta 之值。
② 见《四元玉鉴》《算学启蒙》。
③ 《续古摘奇算法·方圆论》。
④ 《九章订讹》。
⑤ 《算学策要》。
⑥ 《学疆恕斋笔谈》,作唐李氏改造浑仪取为割圆密率,说密于徽率。
⑦ 会圆术。
⑧ 田域类,环田三积术。

为实,以一为隅,开平方得周。各置环田周自乘为幂,退位为实,以一为隅,开平方得径,以圆幂或径幂乘各实,以一十六约之,为实,以上为隅,开平方得圆积。"这两人都以 $\sqrt{10}$ 作为圆周率,和张衡所求的同出一辙,然而祖冲之的约率,那时已十分通行,道古也曾用之,之所以又用张衡的方法,是因为 $\sqrt{10}$ 在计算时比其他各种数值来得简单些。

中国古代数学书籍中,仍多采用径一周三这种圆周率,而且有用来计算历法的[①],徽率密率等各种圆周率,既非冷僻,那么古率能存留下来必有其道理。杨辉[②]说:"徽密二率,各有分子,对于开方有妨碍,'黄帝九章'从来没有开方还余分子的方法,虽然《辨古通源》有之[③],要想还原,须添入一段积数,终不如乘除分子还原端正,古人既用径一周三之率,开方开不尽的方法,也可同时使用,不致废弃。"顾应祥说[④]:"凡平圆一十二,立圆三十六,都只不过取其近似值而已,或说密率径七则周二十二,徽率径五十则周一百五十七,为何不对两种方法加以比较斟酌,确定一种固定方法呢?两种方法,从圆求方,从方求圆,并非不可,但还原与原数不相符合,数

---

① 郭守敬《授时草》,立天元一求弧,仍为古率。
② 《续古摘奇算法》。
③ 此法附见关孝和本《续古摘奇算法》。
④ 《方圆论说》。

多则散漫难收,古时计算时且用径一周三,也是势不得已啊!"由此可以看出古率之所以去繁从简,是十分明显的,过去计算,大都不要求很精确,方五斜七,径一周三,虽明知很粗糙,也仍旧沿用,太细小了不计,也算够大度的了。

明神宗时,邢云路有三才奇率,《古今律历政》:"其论圆周径率,古率徽率冲之率都不够完善,须对圆实际度量,圆中求直径仍得其真值,圆周长和直径之比值,都是3.126①。他的说法,和魏文魁②所著《历元算测》大多互相为表里。"邢云路想以度量所得,抹杀古人诸率,其见解十分浅薄,要造一个真正的圆,实际做不到;要想度量得十分精确,也达不到。邢氏所得,也很粗略,但从实验求圆周率,邢还是第一个人呢!邢还有一种圆周率,见《畴人传》(即径一周3.12132034③)。

方以智是四公子之一,他的文章气节,当时没人能比,在他所写的《通雅》中给出径十七周五十二的圆周率④,但数学家很少用,原因是这数太不准了。

原载 1917 年《科学》第 3 卷第 4 期

---

① π = 3.126。
② 魏文魁也是固执使用古率的人之一,被徐光启所摘的,见《明史》卷三十一《历志》。
③ π = 3.12132034。
④ π = 52/17。

西洋圆周率略史①

　　圆周率的准确值,两千多年均未解决,只有在近代学术迅速发展条件下,才有解决的可能。圆周率的值是写不完的无限不循环小数,不能用整数、分数代替其准确值。为了一个数值,花费了多少人的心血! 前人的工作实在是为追索本源、探根求底。著者曾写《中国圆周率略史》一文②,颇受称赞。近期圆周率的真正含意,西方阐述最多,而且已计算圆周率的值到七百多位。我写这篇文章,以示赞赏之意,想来学者们也是愿意看到的。

　　圆周率是圆周长和圆的直径的比值,从阿基米德以后,研究数学的人,都用 π 表示圆周率。原意是希腊字 Periphery

---

　　① 本文注释为作者原注。为保留文章原貌,文中的外文名词不再另作中文翻译。
　　② 见《科学》第 3 卷第 4 期。这篇仅到明代为止,其后待续。

的第一字母。1006 年钟氏（W. Gones）开始用 π 来简单表示，1737 年经欧拉（Euler）的介绍，才在各国通用。

埃及有一本书 *Rhind Papyrus*①，原稿写于雷麦（King Raenmat）王时代（约公元前 2000 年），书中有一化圆为方的方法②说："切去一圆直径的 1/9，用剩余长度作为正方形的一边，则这个正方形与圆的面积相等。"按这个方法计算，π = 3.16（这个值和我国清朝钱塘人谈泰所算得的值一样）。这个值在古代当然最准确了，但古时沿用，并不完全遵循之。如建国较晚的巴比伦，也有其求圆周率的方法："若以圆直径之半的圆周上连续顺次截六次（作六条弦），则首尾两点重合。"这足可说明圆周之长为半径的六倍，即 π = 3。

希腊的数学家 Anaxagoras③（公元前 500～428 年）曾于公元前 434 年在狱中写成求圆周率方法，但已失传，他是否按 Ahmes④ 的方法，已无法知道了。

和苏格拉底同时，有安迪峰（Antiphen）（公元前 479～411 年）及孛赖生（Bryson），各自得到求 π 的新方法，成为后人割圆术的开始。安氏的方法是"分圆为四等弧，连接其分

---

① 这书现藏于英国博物馆，意为"林德之书"。
② Quadrature of the Circle，简称"化圆术"。
③ 阿那克萨哥拉。
④ 阿梅斯。相传是 *Rhind Papyrus* 的作者。

点得圆的内接正方形,再分每弧为二等分,则得圆的内接正八边形,再分得圆的内接正十六边形,这样所得的圆内接正多边形的周长就与圆周长逐渐接近,如果不断作下去,当这种圆内接正多边形之边长接近零时,这种圆内接正多边形的周长就与圆周长相同。利用毕氏(Pythagoras)定理,逐次计算圆内接正多边形的周长,并与圆周长相比较,可得 π 的值[①]。

勃氏的方法比安氏更精确,因为安氏仅用内接正多边形周长来求,而勃氏则同时用内接和外切正多边形,逐次夹逼,这内接、外切正多边形的周长,逐渐与圆周长相等,取内接与外切多边形的平均数就可得圆周长。这个方法从其数学道理说,已非常精细,唯一错误之处在于用平均值作为圆周长。

这种割圆法,后来被阿基米德(Archimedes,公元前 287 ~ 公元前 212 年)所抄袭,只是阿氏从做内接正六边形开始算起,而且算法也不同,阿氏不用毕氏定理求内接正多边形周长,算到正 96 边形周长,阿氏得 π 值在 $\dfrac{6336}{201\frac{1}{4}}$ 与 $\dfrac{14688}{4673\frac{1}{2}}$ 之间,大约是 $3\frac{1}{7} > π > 3\frac{10}{71}$,前面的值 $3\frac{1}{7}$ 简单而精确,今天的科学家们仍然沿用。阿氏的功劳流传后世,也算是对他求圆

---

① 此法与我国刘徽割圆法相似。

周率辛勤劳动的补偿吧①!

我国多译作多禄某(Ptolemy,公元 90～168 年)的,曾于阿率之外,得一较准值,为三加六十分之八,加三千六百分之三十,或以六十进法为标准,则 π 为三度八分(Partes minutas primae)三十秒(Partes minutae sacande),或 π = 3.141666。

罗马文艺繁荣,远远超过希腊,但数学方面却不如希腊,圆周率就是一例。罗马人比希腊人不仅没有增进,从流传下来的罗马人著作中可见,他们连阿基米德所得之奇妙结果都不知道,奥古斯都大帝(Augustus,公元前 63 年～公元 14 年)时,有个名叫 Vitrvuius 的,计算圆周率的办法是:如直径为 4 尺,则圆周长为 12 尺半,即 π 为 $3\frac{1}{8}$。又如 Gudian 的《测量教本》内有求圆周率法:分圆周为四等弧,取其中一份为正方形边长,则正方形面积与圆面积相等。这法且不说化弧为直,几何作图是不可能的,就圆周率说,也是从古未有的错误值,因为 π 是 4 啊!

印度数学的成就,不仅超过罗马,而且大有超越希腊的势头。有个名叫 Culvasutras 的,在世较耶稣稍早,他化方为圆

的办法是:用正方形的对角线和一边相减之后用六除,用商数加上正方形边长之半,就得圆半径,从代数法化得,$1 = \pi$ $\left[\frac{1}{2} + \frac{1}{3}(\frac{\sqrt{2}}{2} - \frac{1}{2})\right]^2$,而 $\pi = 3.088$。这个值当然不能和阿基米德的 π 值相比,只是到 5 世纪时印度才有明显进步。Aryabhatta 在 476 年时,说圆周长与直径之比为 62832 与 20000 之比,这个值 $\pi = 3.1416$,已比过去准确了,但这值的由来,没有记载。据 Ganeca(12 世纪之作家)的意思,阿基米德的方法,受到印度学者的推广阐发,如 Bhashara 的 $\pi = \frac{3927}{1250} = 3.1416$[①],就是屡次等分圆周,从六等分到三百八十四等分时,比较内接和外切正多边形周长得出的。可见阿氏方法印度已有,是毫无疑问的,但是否流传入境,就不得而知了。Brahmagupta 是 7 世纪初印度最著名的数学家。他的圆周率和前述的差一些,不那么精确,而较前简便,因为他取 $\pi = \sqrt{10} = 3.163$。这个值和我国张衡的圆周率相似,从时间看来比张衡晚,如果真是巴氏所发现,那么这个近似值的发祥地,应该属于我国,无谓的争论,也可以停止了!

15 世纪末,欧洲和西方科学勃然兴起,学者们眼光多注

_____

① 此即我国的刘歆率(约公元 5 年)。

意数字,而方圆问题更是众矢之的。这种兴趣多半被苛沙(Nicolas de Cusa)所唤起,他的化圆术是:将圆半径延长,等于内接正方形之边长。以所得总长为直径画第二个圆,在这圆内作等边三角形,则周长与第一圆的周长相等。这个方法苛沙奉为最准,后来被 Regiomontanus 指出毛病,π 值比阿氏圆周率差多了,与准确值比小了千分之五六。

从此以后,"方圆学者"蜂起,在数学史上有记载价值的是 16 世纪末,亚克(Van Eyck)得一解法,π 值比阿氏准。同时又有米特(Peter Metius,公元 1527 年在世),认为阿基米德的 π 值不够精确,于是再求新的圆周率值,以证明阿氏是错误的。他得到 $\pi = \dfrac{355}{133}$,这与准确值相比,少于百万分之一。其准确度不是其他值所能达到的,但米氏得这个值纯属侥幸[1],和我国祖冲之圆周率相比较[2],晚了一千年! 古代数学的光荣,难道只给欧洲西方吗?

今天的学者,知道圆周率的准确值,不用无穷级数等方法,是无法表示的。知道这个道理最早是费他(Francais Vieta,公元 1540 ~ 1603 年)。他在 1579 年,用圆的外切正多边

——————

[1] 米特知圆周率的值,在 $3\dfrac{17}{120}$ 及 $3\dfrac{15}{106}$ 之间,所以取其分子分母的平均数,得新圆周率 π = 355/113。

[2] 祖冲之圆周率 π = 355/113(公元 479 年)。

形相比较,知道开方 $\dfrac{1}{2}$ 的方根经过若干加乘手续,按照一定程序前进,所得的圆周率,逐渐准确。若将这个过程无限地进行下去,可得 π 的准确值。其式如下:

$$\dfrac{1}{\pi} = \dfrac{1}{2} \cdot \sqrt{\dfrac{1}{2}} \cdot \sqrt{\dfrac{1}{2} + \sqrt{\dfrac{1}{2}}} \cdot \sqrt{\dfrac{1}{2} + \sqrt{\dfrac{1}{2} + \sqrt{\dfrac{1}{2}}}} \cdots\cdots$$

费氏曾用此式,分圆为 393216 份,得 π 值在 3.1415926535 和 3.1415926537 之间[1]。

费氏的方法,后被罗氏(Romanus)所抄,罗氏于 1593 年,给出 15 位的 π 值[2],方法非常繁,分圆到 1073741824 份。这个工作使人们感到惊异,然而和希氏(Ludolph Van Ceulen)相比,还不算稀奇,希氏真是做了天下最难做的事。他按照阿基米德粗糙的方法,开始求 π 值到 20 位[3]后又到 35 位[4],这样的准确,他自己做梦也没有想到,而且他算的值经过 Griembetger 校对,一个数字都没错,尤为难得。希氏为夸耀自己的才能,嘱咐把他算的值刻在墓碑上,用以记录这艰苦的劳动。

---

① 见 Vieta,*Opera Math*,Loyden,1646,*Marie Histoire des sciences Math*. iii p. 27. sp Paris 1884.

② 见 Kastner,*Gesch. d. Math*. i. Gottingen,1796 ~ 1800.

③ 见希氏的 *Van den*,*Cirekel Dell*,1596。

④ 见 *Les Deliees de Leide Leyden*,1712;De Haan. Miss. of Math;iii PP. 24 ~ 26。

现在德国人最推崇他,把圆周率称为"希氏数"(Ludolphische Zohl)。

从此以后,计算圆周率的方法,不断进步。1655 年,英国人韦力氏(John Wallis)在他的"无限算术"(Arithmetic Infinitude)中,给一算 π 的方法,颇为奇特,若按这个方法,式子是:

$$\frac{4}{\pi} = \frac{3}{2} \times \frac{3}{4} \times \frac{5}{6} \times \frac{7}{6} \times \frac{7}{8} \times \frac{9}{8} \times \cdots\cdots$$

依此可求 π 值到任何精确程度,同时又有勃氏(Brouneker)按韦氏方法,将 π 用连分数代表,其中每次的分母都是 2,而分子为各奇数的平方。

$$\frac{4}{\pi} = 1 + \cfrac{1}{\cfrac{1^2}{2} + \cfrac{1}{\cfrac{3^2}{2} + \cfrac{1}{\cfrac{5^2}{2} + \cdots\cdots}}}$$

这两人在算法上虽各有发明,但圆周率却没表示。到 1660 年时,格莱高雷(Gregory)按牛顿(Newton)和莱不尼兹(Leibnitz)的方法,得格氏级数:

$$\theta = \tan\theta - \frac{1}{3}\tan^3\theta + \frac{1}{5}\tan^5\theta\cdots$$

若命 $\tan\theta = \frac{1}{3}\sqrt{3}$,则有

$$\pi = \sqrt{12}\left(1 - \frac{4}{3.3} + \frac{1}{5.3^2} - \frac{1}{7.3^3} + \frac{1}{9.3^4}\cdots\cdots\right)$$

按照这个式子沙勃（Abraham Sharp）在 1699 年得到海莱（Halley）的帮助，求得 π 值到 71 位[①]。这是希氏值后的大进步。

不久之后伦敦的天文教授孟庆（Maehin）由下式求得 π 值到 100 位[②]。

$$\pi = \frac{16}{5}\left(1 - \frac{1}{3.5^2} + \frac{1}{5.5^2} - \frac{1}{7.5^6} + \cdots\cdots\right)$$
$$- \frac{4}{239}\left(1 - \frac{1}{3.239^2} + \frac{1}{5.239^4} - \cdots\cdots\right)$$

法国的的纳列（Fauter de Lagny）于 1719 年求 π 到 127 位[③]。

1789 年时，魏加（Vega）按孟庆的方法，用下列等式求 π 到 136 位[④]：

$$\frac{\pi}{4} = 5\tan^{-1}\frac{1}{7} + 2\tan^{-1}\frac{3}{79} \quad (\text{Euler } 1779)$$

$$\frac{\pi}{4} = 5\tan^{-1}\frac{1}{7} + 2\tan^{-1}\frac{1}{3} \quad (\text{Euler } 1776)$$

---

① 见 *Sherwin's Math*. Tables. London. 1705，p. 59.

② 见 W. Jones，*Synopsis Palmariorom Matheseos*，London，1706；Hutton，Tracts Vol. p. 266. 我国曾纪鸿于 1874 年时刊行其 100 位的圆周率的值。

③ 见 Hist. *De L'Acad*，Paris. 1719.

④ 见 *Nova Acta Petrop*，ix p. 41，*Thesaurus Logar thm Completue*，p. 633.

还有无名氏算 π 到 152 位[1]。

从此以后,圆周率越算越准,方法也越精巧,到 1873 年时,π 的值已算到 707 位了。现按格奈解(Gialsher)[2] 所收集的材料编表如下:

年	计算者	圆率位数	校对位数	发 表 书 报
1842	Rutherford	208	152	Trans. Roy. Soc. Lond 1841 p. 283
1844	Dase	205	200	Crelle's Journ, xxvii p. 188
1847	Clausen	250	248	Astrom. Nachr. xxv. col. 207
1853	Shanks	318	318	Proc. Roy. Soc Lond 1853. p. 273
1853	Rutherford	440	440	Lbid
1853	Shanks	530	530	Lbid
1853	Shanks	607	607	W. Shanks, *Rectification of the Circle*
1853	Richter	333	330	Grunert's Archir, xxi p. 119
1854	Richter	400	330	Lbid, xxii p. 473
1854	Richter	400	400	Lbid, xxiii p. 476
1854	Richter	500	500	Lbid, xxv p. 472
1873	Shanks	707		Proc. Poy Soc. Lond, xxi

有一求 π 的方法,非常有意思,而知道的人极少,是数十年前德国卧夫教授(Prof Wolff of Zurieh)所发明的[3]。他的方

---

[1] 原稿在 Radeliffe Library, Oxford.
[2] 见 *Messenger of Math.* ii p. 122.
[3] 见 A De Morgan, *A Budget of Parodoxes*. PP. 169~171.

法是,在地板上画纵横线,成很多相等的小正方形,另外用一枚小针(长度与小正方形边长相等),按照决疑学(Probability)定理,可求圆周率的近似值。根据他的实验,将针抛掷一万次后,得 π 值准确到三位。

圆周率是无限小数,18 世纪时已经知道了。法国数学家兰勃脱(Lombert)于 1761 年时证明 π 不是整数[①],也不是一个整数的平方根,即 π 和 π 的平方,都不能用分数代替。到 19 世纪之末,经法国数学家侯密(Hevmite)的刺激,德国数学家林德门(Lindeman),于 1882 年得到一个分割的方法,证明圆周率的值不是用代数所能表示的[②],从此以后知道圆周率为无限不循环小数,计算值时总有误差,于是圆周率的历史,到此告一段落。而山克司(Shanks)的 707 位 π 值,可说已尽人之所能将圆周率写得实在够准确的了。

山克司的 707 位圆周率的值,见于《英国皇家学会会报》(*Proceedings of the Royal Society of London*, Vol. 21. p. 319),现特附录,以供同好。这表是挚友李乐知先生辗转抄来送给我的,特此致谢。

---

① 见 *Legendre's Geometry*, Appendix to De Morgan op. cit. p. 495.

② 见 *Report of the Berlin Academy*. June, 1882 Comptes Rendus of the French Academy Vol. 115. PP. 72 ~ 74.

山克司 707 位圆周率值

3.14159	26535	89793	23846	26433	83279	50288	41971	69399	37510
58209	74944	59230	78164	06286	20899	86280	34825	34211	70679
82148	08651	32823	06647	09384	46095	50582	23172	53594	08128
84111	74502	84102	70193	85211	95559	64462	29489	54930	38196
44288	10975	66593	34461	28475	64823	37867	83165	27120	19091
45648	56692	34603	48610	45432	66482	13393	60726	02491	41273
72458	70066	06315	58817	48815	30920	96282	92542	91715	36436
78925	90360	01133	05305	48820	46652	13841	46951	94151	16094
33057	27036	57595	91953	09218	61173	81932	61179	31051	18548
07446	23799	62749	56735	18857	52724	89122	79381	83011	94912
98336	73362	44065	66430	86021	39501	60924	48077	23094	36285
53096	62067	55693	97986	95022	24749	96206	07497	03041	23668
86199	51100	89202	38377	02131	41694	11902	98858	25446	81639
79990	46597	00081	70029	63123	77387	34208	41307	91451	1898
05709	85…								

原载 1921 年《科学》第 6 卷第 1 期

《中国石桥》序

这本书是同我共同负责修建杭州钱塘江桥的罗英同志编写的。他编写这本书花了十年时间,比他修这座桥的时间还要多六七年。

桥梁是一国文化的特征之一,我国有几千年的历史记载,桥梁历史也应有几千年。以我国幅员之广,编写一部桥梁史,该是一项如何浩繁的工作,然而罗英同志竟然独力开始了这一工作,这该值得我们桥梁工程界如何地庆幸。虽然这本书还只限于各种桥梁中的一种——石桥,但石桥也就够多了,而且由于石桥比木桥、铁桥的寿命都长,因而现存的古代石桥也最多,编写起来也最繁难,难怪这本书成为记载中国石桥的比较完备的第一本书了。

中国古代古桥结构奇特、工程艰巨、有科学价值者不少。像服务了一千三百多年、迄今还健在的赵州桥,规模宏伟、屡经破坏而仍然屹立的泉州洛阳桥,具有多种结构、形成世界上最早的开合式的潮州湘子桥,每块石梁重达 200 吨的漳州江东桥等等只不过是众所周知的中国石桥的几个例子。其他有同样科学价值但现已不存,而又无文字记载的还不知有多少。然而这几座桥就已经各有特点,都在某种结构上成为全世界最早的创造,而且这些结构,直到今天,还不失其近代化的性质,这就足见中国石桥在国际上的地位了。

写桥梁,在中国历史上并不是一件新鲜的事情,在《永乐大典》或《四库全书》里,就可看到不知多少有关桥梁的诗词歌赋和各种体裁的传记文章。然而那些都是文人之笔,其中并无一篇造桥者的写作。过去文人之所以喜欢写桥梁,或者是因为它在自然景物中富有诗意,可以把它当作风花雪月来托词遣兴;或者是因为它跨河越峪,确实有功于人,乐为记其修建经过,至于借题“修桥补路做功德”来颂扬官僚“善士”,希望自己也一并“千古留名”的,那就更不足道了。尽管写桥梁的动机各不相同,但所有的文章都有一个共同特点,那就是在那里找不到一个负责修建的桥工巨匠的名字,而他们正是这许多桥梁的真正创造者。唯一例外的是一篇关于赵州桥的“铭”,那里面居然提到“赵州洨河石桥,隋匠李春之迹也”,总算在我国几千年的桥梁历史中,有这位伟大的李春,来代表千千万万的劳动人民,放射出他们智慧的光芒。由此可见,中国桥梁虽多,但科学性的桥梁史料却异常之少。罗英同志这次编写中国石桥的尝试值得我们赞佩。

罗英同志的这次尝试是经过了一段艰苦过程的。首先,这本书是根据他一生所能搜集到的材料编写的,费时费力费钱,不言而喻。其次,他开始写书,虽然远在多年以前,但最后补充定稿,却是近年间的事,而在近年间,他一直缠绵在病中。我亲眼看到他在病榻上查书、绘图、计算、整稿。再其次,从残缺不全的资料中,东凑西补,整理出一套系统的记载,已经很不简单,而他还进一步地从这堆旧资料中,经过分析研究,推演出不少近代的、乃至独创的理论,很明确地指出了中国石桥能为祖国争光的关键所在,这就更是难能可贵了。

中国石桥,古老的居多,为何其结构还具有近代的科学理论呢,这只要看这些桥能够经得起这样漫长岁月的考验,就很容易明白了。任何一项工程建设,经过长时期的自然界的侵袭,包括人为的影响在内,而能始终保持其质量不变,必然是由于其构成的材料好,但同时也是由于其如何构成的理论确有相当的科学根据。材料愈好,科学水平愈高的建筑物,其寿命也愈长。比如赵州桥,自建成迄今,已逾一千三百多年,而始终发挥作用,未曾中断,固然其石料好,但难道它的设计和施工不是具有很高的科学价值吗? 即使按照近代理论所造的桥梁,要能维持一千三百多年,恐怕也不一定是有把握的。又如洛阳桥,本来是为车马行人造的,但在千年以后,在不更动基础的情况下,修整了路面就能胜任载重汽车,而按近代理论修建的桥梁还有基础不固不稳的实例,相形之下,洛阳桥就显得更突出了。此外,我国的许多石桥有独特的结构,且不说文化艺术上的价值,单从力学观点来看,就有不少理论上的成就,如利用被动压力就是一例。不知是我国石桥发展得又早又快,还是近代科学进展太慢,以致古桥今桥的基础的性能,有时竟然显不出有多大差别,这是一个值得研究的问题。罗英同志在这本书里,对于中国古代石桥的理论是已经做出他的贡献来了。

按照罗英同志的结论,我国石桥之所以丰富多彩,旧石桥之所以能有新理论,是由于发挥了我国劳动人民的智慧和力量的结果。我国数千年的桥梁科学技术,虽然缺乏文字的记载,但有无数实物散布人间,足为佐证。从《阿房宫赋》里的"长桥卧波,未云何龙"起,到清代晚年所修的灞桥止,在这两千多年的桥工里,该有多少劳动人民的血汗啊!他们不但在当时造了桥,而且还把造桥技术,师徒相承,口传心授,保留到今天,真是一笔无比宝贵的遗产。如何用现代科学语言来总结这数千年来的技术经验,是今天桥梁工作者的一项历史使命。

据说中国各种石桥有四百万座。这本书中叙述了三百多座,其中除少数久享盛名(京剧《小放牛》里就提到了赵州桥,另有灯彩戏《洛阳桥》)和一些比较著名的而外,其余就都是默默无闻的;但经过这本书的介绍,那些本来默默无闻的石桥就可"大白于天下"了。如果能对那几百万座石桥更多多介绍一些,从而发现更多的旧石桥的新理论,岂非对祖国科学文化的一种极有意义的工作。这一工作应该在党的领导下,由科学文教机关负责,组织集体力量,制定工作计划,作为发展我国科学技术的一项具体任务。这样编写出来的桥梁史,在科学上和教育上有它很大的价值。这是我个人的希望,而且,我想,也是罗英同志的希望。

1959 年 5 月 20 日

《中国桥梁史料》序二

　　这是一本记载中国桥梁、内容十分丰富的资料书，包括古代桥梁、近代桥梁、各种材料和形式的桥梁，并且涉及有关桥梁的科学技术、历史地理、教育文化等各方面。作者是位富有实际经验的桥梁工程师，他在使用了工程材料几十年，修造了大小桥梁几十座之后，又用一支笔来写书，发扬祖国文化，宣传桥梁成就。我对这本书的内容和作者，表示衷心赞佩。

　　我国是个既大且古的国家，几千年来修建的各种桥梁，不可胜数，即以石桥而论，据说即达四百万座之多，其中有很多在工程结构、科学技术上，具有惊人成就。要对这样多的优美桥梁写出一部完整的桥梁史，显然不是任何一个人的力量所能及的，因而作者很谦虚地把他这本书称作史料，希望他这筚路蓝缕的工作，能成为一部桥梁史的"先行官"。

　　然而,就是要编成一部桥梁的史料书,也谈何容易。我国桥梁虽多,而记载桥梁本身的文字,却极其缺乏。我们很少看到任何一座古桥的设计施工的记载,所看到的多是些借桥梁来抒情遣兴的诗词歌赋,尽管这类文章确为我国的文学生色不少,如唐代张继的《枫桥夜泊》诗,就是世界闻名的。还有一大批所谓修桥记,为当时的官僚、"善士"吹嘘,却不提一个桥工的名字。比较突出的要算唐代张嘉贞的《安济桥铭》,不但对赵州桥的工程结构,指出其特点所在,而且一开头就提到造桥的大师:"赵州洨河石桥,隋匠李春之迹也。"可惜这样的文字在桥梁记载中是太少了。此外,各省各县的地方志中,也都提到一些桥梁的名字,甚至约略介绍些情况,但远远不够技术上的要求。在这样一堆文献中,分析整理出适用的资料,就是一项艰巨的工作。

　　桥梁是建筑物,寿命比较长,所有留存到现在的古桥,都可通过实地调查、测量检验来了解、推论当时设计施工的情况,再加绘图摄影的帮助,就可大大补充文献的不足。比如赵州桥的基础,以前有人臆测,以为河底下也是个石拱,和水上拱桥合成一个整圆圈,但经最近修理,开挖河床,就证明了这个说法的无稽。然而,实地考察是需要大量的劳动力的,而且是个科学技术性的工作,这就不是少数人,更非一个人,在业余时间所办得到的了。至于历史上的桥梁很多,不但毁灭,而且无遗迹可寻,其中有的规模特大,或技术性强,在桥梁发展中,具有关键性价值,但都因无法考察,再加文献不足,对于桥梁史的完整性和系统性,更是无可补偿的损失。

搜集桥梁资料的困难,已如上述,而有了资料,如何分析取舍,亦是问题。桥梁史当然并非流水账,而是生产发展的写照,生产对桥梁提出要求,同时也给它以物质条件。桥梁构造的演变应当和生产发展相适应,并且它在文化上的价值,也是和政治经济分不开的。在整理桥梁的历史资料时,必须要有辩证唯物主义观点。

应当说,这本书的作者在上述情况和要求下,是下了很大工夫的。也许他为写书所耗的精力,不亚于修成一座大桥。他首先从整理出来的资料中,指出了我国桥梁的演变过程。他强调了政治经济、生产劳动、文化教育、社会生活等各方面对桥梁发展的影响。根据我国社会发展史,他在书中从原始桥梁说起,经过堤梁、絙桥、架空桥等,一直叙述到现代的新式桥梁。他把现代科学的应用作为区分古式桥梁和新式桥梁的标准。他着重介绍了我国古代桥梁中的卓越结构,如赵州桥的敞肩拱、洛阳桥的筏形基础、广济桥的开合梁等等,认为都是世界上的首创。他对古桥中的很多技术成就,作了新的解释,而且根据科学理论,解答了古桥中的不少技术问题。他特别推崇我国历史上桥工巨匠的智慧和群众的集体成就，并且认为他们师徒相承，口传心授，因而才能把优良传统保留至今，值得庆幸。关于现代桥梁，他提出了一些代表作，这当然是不很全面的，但也足见我国桥梁发展的速度。应当代为指出，在这些新桥中，他本人的贡献是很多的，特别是钱塘江桥和柳江桥。

作为作者在桥工中的多年伙伴，我能为他的这次纸上的工程做点介绍宣传工作，深深感到高兴。希望他继续努力，参加写成一部更完整的《中国桥梁史》。

1959 年 9 月 9 日

桥梁史料

科学与技术

概　念

在报刊和文件中,常见关于"科学技术"这一名词的广泛应用,如"科学技术工作""科学技术问题""科学技术规划""科学技术水平"等等。究竟这是指"科学和技术""科学的技术""科学中的技术",还是把科学与技术合并成一个新的名词呢? 更进一步,究竟科学是什么,技术是什么? 它们的区别是什么,它们的关系又是什么? 我们的一般概念是:科学是真理,是客观规律,具体说来就是数理化等等学科;技术是本领,如炼钢、种稻、医疗、烧菜等等。但是,生产科学是不是技术呢? 尖端技术是不是科学呢? 生产中的"经验性规律"是技术还是科学呢? 所有这些都不免引起思想上的混乱。

字典上这两个名词的意义。"科学"的一般解说是:(1)关于发现真理,运用规律,经过长期累积而形成的,有组织有系统的知识。(2)对事物做观察与分析,用归纳和假设方法,来建立可验证的客观规律的一门学问。这就是把科学当作"科学知识"和"科学方法"。然而,科学本身究竟是什么呢?

在字典中技术的意义就更多了,如"手艺""技能"等等好像都是技术。有的说,技术是科学、艺术中的工作方法。又有的说,技术是"生产工艺的系统知识",这里所谓知识是否即科学呢?在我国古书中,科学这名词是不见的,但技术名词却甚古,《史记·货殖列传》中就有"医方诸食技术之人",《晋书》中记张亢"又解音乐技术",都把技术当作技能,而非知识或方法。

可见,科学与技术这两个名词在字典中也是不曾说清楚的。现在试从它们的目的、特点、对象、作用、关系等方面来说明它们到底是什么。科学与技术都是为了认识自然和改造自然,来和自然界做斗争而为人类服务的,它们都是在生产中产生和发展的。科学就是生产经验的总结。这里所谓生产经验是广义的,包括体力劳动与脑力劳动的成果。有了科学和技术,人类认识自然和改造自然就日益深化而扩大了影响,从而更推动科学与技术的前进。这种循环作用是经济与文化齐头并进的保证。

科学内容包括对自然规律的认识,对自然规律认识过程

的系统化以及应用规律时的指导;技术内容包括对自然规律
的应用(实验与生产),对自然规律应用过程的系统化以及认
识规律时的验证。

　　科学是看不见的,是用文字、图画和数字符号表达出来
的。(在这个意义上,数学符号作为工具是和文字图画相近
似的)。技术是从实际工作的效果上看出来的,是从生产任
务的完成表达出来的。然而,它们不是两个无关之物,科学
的形成要经技术(实验与生产)的检验,技术的形成要有科学
的根据。如果分离,则两者都成无用之物,成为不能验证的
科学和不起作用的技术。科学的成就表现于对技术的指导,
技术的成就表现于科学的应用。科学是知识,技术是方法;
科学是理论,技术是实践。科学是什么理论呢? 它是对自然
界事物作解释(为什么),并对未来变化作推测(怎样变)。技
术是什么实践呢? 它是根据理论使事物变化合于一定的要
求。科学里有思想方法,技术里有操作知识,但科学的方法
仍然属于理论,技术的知识仍然属于实践。没有无科学的技
术,也没有无技术的科学,知识和方法是必须要结合的,理论
和实践是统一的。技术是科学存在的形式,科学是技术存在
的内容。理论指导实践,实践验证理论,科学与技术有同样
的辩证关系。了解科学要从技术的感性知识开始,改进技术
要以科学的理性认识来指导。科学是知,技术是行,通过实

践而知行合一。科学与技术是两个方面,但又是统一的。

根据上述论点,现在来说明几个问题。

(1)学科不是表达科学的唯一形式。科学是理论,是永存于宇宙之内而不以人的意志为转移的,也不是非用人的文字符号来表达不可的。然而人们理解科学,总要靠文字符号,并且表达时一定要有系统,系统一定要有标准。这种有标准的系统是人类文化发展的结果。在欧洲就形成"学科"的科学。科学不是一定要按学科来表达的,在学科形成以前,难道就没有科学存在吗? 因此,近代所谓"科学"这个名词有两个意义:一是真理,是科学的本质,可用各种形式来表达;一是学科,是科学的形式,只是反映本质的一种方法而已。除去现有的学科形式,能否有其他形式呢? 如中医的金木水火土五行,阴阳生克的术语,也未尝不是一种表达方法,如果这种表达方法也有科学系统,它是否也构成一种学科呢? 有人说,中医非科学,这是指用近代学科语言而言,其实问题只在于如何把中医语言"翻译"为现有的学科语言而已。

(2)科学和技术是相互依赖的。科学的目的是要通过技术"发现"前所未知的客观规律及其运用,技术的目的是通过科学"发明"前所未有的工艺及其运用,故"发现"与"发明"是相互依赖的,相互推动促进的。有时技术在前,推动科学;有时科学在前,推动技术。

为什么科学与技术能相互促进呢？毛主席《实践论》说："认识从实践开始,经过实践得到了理论的认识,还须再回到实践去……认识的能动作用,不但表现于感性认识到理性认识之能动的飞跃,更重要的还须表现于从理性的认识到革命的实践这一个飞跃。"科学与技术的关系正是如此。技术是感性认识的经验,见诸行动;科学是理性认识的总结,见诸笔墨。最初是对一件事物从技术上升到科学并对科学作验证,得到理论与实践的统一。这时科学与技术是一件事物,表里一致。然后把许多事物综合在一起,就应当有新的感性知识,但这新的感性知识可以根据以前理性认识的结论而推测得到,不必事事摸索。如果这样得来的感性认识,经得起实践的考验,那么,这就成为理论指导实践了,成为上一阶段的理论指导下一阶段的实践了。下一阶段的实践再上升为理论,于是得到这个下一阶段理论与实践的统一。这就是从第一阶段技术验证第一阶段的科学,然后拿这第一阶段的科学来指导第二阶段的技术;经过实践,总结出理论,于是第二阶段的科学与技术又得到统一了。在第一阶段是技术推动科学,在第二阶段是科学推动技术,如是"循环往复,以至无穷"。因此,从发展过程说,总是先有技术,然后才有科学,有了科学再推动未来的技术。如同先有陶瓷技术,然后有硅酸盐科学;先有炼钢技术,然后有冶金学。

（3）科学与技术应当是同等重要而不分高低的。然而我们又常常听见科学是技术的基础的说法，把科学相对地当做技术的基础，这等于说"理论是实践的基础"，这究竟是对不对呢？在学校里，科学理论课称为"基础课"，生产技术课称为"专业课"，"技术科学"课称为"技术基础课"。究竟"基础"的意义何在呢？（当然"基础理论""基本研究""基本功"等是正确的，因为这是讲一件事本身的轻重，如理论很多，其中有的是基础。）如说是"造屋先造基"，基础就是在前的意思，那么，科学是生产经验的总结，必然是先有技术然后有科学，如何科学是基础呢？"躯体的骨干"，基础就是骨干的意思，但技术难道是"血肉"？有技术而不知其科学还能生产出东西，如只有科学而无技术，则是纸上谈兵甚至数学游戏，究竟谁重要呢？斯大林曾说过"社会主义要建立在高度的技术基础上"，可见技术也是基础。树的根株，"根深而后叶茂"，基础就是根株的意思，但是，根与叶是一体的，是相互补充的，因此同时是"叶茂而根深"。而且，究竟谁是根谁是叶呢？科学是根还是叶呢？被依靠的是支柱，基础就是支柱的意思，但恩格斯说："如果技术在很大程度上是依靠于科学状况，那么科学状况却在更大的程度上是依靠于技术的状况和需要了。社会方面一旦发生了技术上的需要，则这种需要就会比十数个大学更加把科学推向前进。"（《马克思恩格斯文选》第二卷,第504页)不易成功的是基础,但我们常说"技术过关",难道过关是容易的吗？有决定性意义的是基础,如基础损毁则屋塌,但科学上试验室内成功,而在技术上工厂里失败的事例数不胜数,因技术有许多细节,科学理论跟不上,为何科学就更重要呢？有指导意义的为基础,常说理论指导实践,科学指导技术,然而,科学所以能指导,因为是技术经验的总结,难道不能说技术是科学所以能指导的基础吗？因此,应当说,"科学基础"表现于技术,"技术基础"也表现于科学,而不能说"科学是技术的基础"。最好在科学与技术之间,废除谁是基础的概念。在资本主义国家,总是把技术说成是科学的应用,其意就是先有科学,然后有技术,而忘了科学是生产经验的总结,可能这是把科学当做技术的基础的由来。

（4）认识技术早于认识科学。科学理论是客观存在的,不以人的意志为转移,但认识理论却是人的实践过程,技术实践更是人的生产活动,既然都是人的关系,那么对人的认识来说,科学与技术的发展究竟孰先孰后呢？是否鸡生蛋、蛋生鸡,不能肯定呢？资本主义国家把技术当做应用科学,则是认为先有科学后有技术,也就是先有理论后有实践,这是"理论—实践—理论"公式。但是人的认识总是先感性后理性的,对科学与技术的认识而言,也应当是先技术后科学,"先知其然,后知其所以然",这是对新的事物而言,如先有技术革新,然后才能上升为理论。但对旧有事物的学习继承,是否也要先从实践开始呢,即是一定要先学技术,后学科学呢? 我认为应当是这样,但并非学一分技术,才能学一分科学,而是可以学一分技术,就可学十分乃至百分科学,因为有了书本知识的帮助。(历史地理课无法先实践后理论,然而也要从一分的历史地理的感性知识基础上,来接受十分乃至百分的理性知识。)比如,学生做实验,普通是先告诉他结果,然后再从实验证实,其实应当是让他从实验中自己得出结果,这就是先技术后科学了。在这样得来的技术知识的基础上,就可扩大科学知识的范围。因此一个人对技术与科学的认识,仍然应当是"实践—理论—实践"公式。至于一个国家的科学与技术的发展,那就不决定于少数人,而是社会发展的结果,这里当然是不能限制孰先孰后的。在资本主义国家是科学发展在前的,在我们国家,难道不能技术发展在前吗? 我们的科学技术研究工作,难道不能采用"实践—理论—实践"公式吗?

(5)人的专业表现在于科学与技术的统一。科学与技术其本身虽是两件事,但科学工作者要懂技术(实验与生产),技术工作者也要懂科学(系统知识),才能完成任务。就像革命实行家要懂理论,而理论政治家一定要有革命锻炼一样。一个人有专业,或是科学家,或是工程师,但这是指分工而言,至于理论和实践,他是必须兼备的。科学家所懂的实验技术要和他的理论需要相适应,工程师所懂的技术科学要和他的实践需要相适应,但是也不能因为一个人既懂科学又懂技术,就认为科学与技术是一回事。如果科学家能弹琴,那岂不是科学与音乐也成为一回事了吗?我们常说的"科学技术工作者",就把两者结合的意义包括在内了。科学工作者不懂技术就是脱离实际,技术工作者不懂科学就是只知其然而不知其所以然,都是片面性的表现。

(6)技术有成败,科学有是非。技术是实践,对某一目的而言,有成功或失败的可能,因为实践内有人和环境的因素,不论其根据的科学理论如何周密,总不免有漏洞的地方,漏洞小则技术成功,漏洞大则技术失败。所谓成功与失败,皆是对人的要求而言,如果所根据的理论不能应付复杂的环境而要求技术成功,则是奢望。至于科学理论,当然也有人和环境的关系,然而解决了一个问题,只能是暂时成功,日后可能完全被推翻;而已经成功的技术,日后不可能变为失败,只是出现了更好更新的技术而已。故技术的成败是长期的,而科学的是非只能是一时的。

综上所述,可见我们习惯于科学与技术的并提,把"科学技术"当做一个名词,是很恰当的,这个名词还可简称为"学术"。但是必须了解,科学与技术的并提,并不否认它们各自的独立性。犹如夫妻构成家庭，但究竟是两个人，不能男女不分。不过"科学的技术"或"技术的科学"的提法是有语病的，因为没有非科学的技术或无技术的科学，而且"科学技术化"或"技术科学化"的说法也是不合逻辑的，因为所谓"化"，有几个意义：①原来两个不相关的东西，结合在一起，如农业与机械原是两个东西，无机械也有农业，现在把它们结合起来，就成为"农业机械化"；②把事物的质量提高，如把落后的农业提高到现代水平，称为"现代化的农业"；③把一件事物转化为另一件事物，如"化干戈为玉帛"。但是，科学与技术，都不能有这样的"化"法，因为它们是一件事的内容与形式，本来是统一的，无须结合，而又无高下之分，更不能相互转化；不能说"理论实践化"或"实践理论化"。所谓把感性知识上升到理性知识，所升的只是知识，而并非实践。譬如夫妇构成家庭，里面并没有"男人女化"或"女人男化"。

还应当补充一点，我们有时把"科学技术"简称为"科学"，一如"科学水平""科学普及""科学事业"等等，其中都包括技术在内，只是为了简化方便，未将技术标明而已。为了实事求是，在上述词汇中，我建议用"科技"两字来代替"科学"，以免误解。

分　类

　　现在谈科学和技术的分类问题。分类就是分成系统,为了学习和研究的方便以及具体任务的分工与协作。分类不明确,就会引起学习和工作上的重复与空白,形成浪费。在制订科学规划时如果分类概念不清楚,影响也很大。

　　科学的对象是自然界物质运动的客观规律,表现于事物的内部联系和发展。科学分类表现在这种客观规律的系统化。同一系统的规律,构成同一学科,比如物理学是"能量转化"规律的系统,化学是"原子分合"规律的系统。显然,客观规律,可以按照不同系统,划分成各种不同的学科。现在科学发达,学科总数已达六七百个。

　　技术的作用是自然界物质运动的人工控制,技术分类表现在这种人工控制的目的性。同一目的的控制,构成同一类的技术工作。比如实验技术是为了验证理论的,生产技术是为了把原料变为成品的。当然,控制必须合乎规律,规律经控制而证实。

　　科学的各学科形成两大门类:基础科学和技术科学。基础科学包括数学、物理、化学、生物、天文、地质等等;技术科学包括土木工程学,机械工程学、电机工程学、化学工程学、冶金工程学、造船工程学等等。在资本主义国家，基础科学叫做"纯粹科学"，技术科学叫做"应用科学"。

基础科学与技术科学都是"学科系统"的科学，并且划分学科系统标准也是一样的，这就是"物质运动的形态变化与作用"。从形成学科的过程看，技术科学是从基础科学发展出来的。比如土木工程学这一学科，就是由对与土木工程有关的物理、化学、天文、地质等学科中的客观规律及相关知识经过系统化而形成的学科。土木工程学这一学科的主要内容就是由物理、化学、天文、地质等学科里的相关部分"综合"而成的。除了这些相关部分的科学内容而外，土木工程学内还有一些其他科学内容，不是从基础科学的任何其他学科吸取而来，而是从土木工程的生产任务中吸取而来的。这就是有关土木工程的生产技术的经验总结，也就是有关土木工程的特殊的客观规律及其系统化，是从土木工程的生产经验中总结出来的。因此土木工程学这一学科内的客观规律及相关知识，有两个大的来源，一是基础科学中的相关学科，一是土木工程生产过程中的理论性的经验总结。这两个来源的有机结合，就发展出新的系统理论知识，而形成一个新的学科——土木工程学。因为生产经验表现为技术，因而土木工程学是"技术科学"。如果没有生产因素的掺入，技术科学就仍然是基础科学，不因有学科的综合而特殊，因基础科学中也有基本学科(如物理、化学等)综合形成的"物理化学""化学物理"等等分支学科,甚至分支学科再综合而成的第二代第三代的综合学科。其他技术科学的特点也和土木工程学一样。

应当说明,基础科学与技术科学是有很多相同之处的,比如都以学科为系统,都以自然界物质运动规律为对象,都需要实验技术来验证理论,对象中都有宏观结构与微观结构,都有学科的分解和综合的发展形成分支学科,都有探索性问题,都以结合生产为重要目的,等等。但是,它们之间仍然是有很大区别的,不能混为一谈,这区别就在技术科学的"生产化"。基础科学以认识自然为目的,而以暂时改造自然为手段;技术科学以改造自然为目的,而以补充认识自然为手段。改造自然就是生产。打个比喻:技术科学,从学科系统的形式而言,原是基础科学的"儿女",但已长大成人并且和生产"结了婚",加上了生产的"姓",因此就另立"门户",成为另外一"房"了。

基础科学与技术科学都以自然界的客观规律为内容,而真理只有一个,为什么要把这客观规律分别属于两种科学呢?这是因系统化的不同之故。这要从科学的对象讲起。科学对象都是自然界的物质运动规律,这种规律是在三种情况下出现的:①在天赋的自然状况下,即未经人工干扰的状态下出现的,比如天体运动、地质地理、地球物理等等;②在人为的自然状况下,即经人工模拟而得到的,如同天赋的、自然状况下而出现的,比如在试验室中高温高压条件下出现的,这种高温高压是天赋的,但平常不易遇到,需在试验室中模拟;③在人为的生产过程中出现的,在那时,物质的变化及其运动的快慢完全受人工的控制。

这三种自然现象及其规律的出现,可举例说明:

(1)水在阳光照射下,就蒸发为气体,这是日常遇到的,是天赋的自然现象。

(2)在试验室中将水加热至100℃则变为蒸汽,但蒸汽是存在于自然界的,如在火山里,不过地面上少见而已。试验室的水蒸发成汽是人工模拟的自然现象。

(3)在火车里将水变成汽,来推动引擎,则是一种生产过程(生产大量蒸汽),蒸汽机不是自然界天赋之物。

自然界每一种物质运动的客观规律,当然只有一个,但在这三种不同情况下出现的规律的数目却是不一样的,因而所综合组成的知识,也就是系统化的知识,也是不一样的。前两种情况下的规律属于基础科学范围(当然也在技术科学中应用),但最后一种情况下,即在生产过程中的特殊规律,则只属于技术科学范围,这是两种科学的最大区别。

再讨论一下前两种情况的自然规律。在天赋状况下的自然现象及其客观规律是随宇宙俱来的,是在人类出现以前就是如此的,它们都是自然界的"本来面目"。这种情况下的科学知识构成基础科学最大部分的内容。但是单凭人们耳目所能接触到的自然现象是很有限的,纵然加以适当工具,如望远镜、显微镜、钻探机等帮助,仍然有很多自然现象是接触不到的。这就需要在试验室里模拟了。如在地球内部的温度是很高的,压力是很大的,是人们平时接触不到的,但在试验室的高温高压条件下,就可模拟地球内部的自然状况了。这样,虽然试验是人为条件,但所认识到的自然现象,仍然是自然界的本来面目。比如在试验室进行分裂原子的试验,这当然是在人工控制下进行的,然而试验目的是探索宇宙真理,也就是揭露自然界的本来面目。这种人工控制,当然不同于生产过程,因为生产是有大量成品的;在生产过程中所认识的自然面目并非本来面目,而是被征服以后的面目了。通过试验而了解到的自然界的本来面目,构成基础科学中其余部分的内容。

关于第三种生产过程中的自然规律,为什么不能在前两种情况下即天赋的自然状况下出现呢? 首先,生产过程是不同于实验过程的,实验是暂时性的、重复很少的(实验虽要重复,但总有小变化),参加的人也是较少的,而情况变化是完全可以控制的。但生产则是把原料变为成品,是长期性的、重复很多的,参加的人也是很多的,控制条件也是更为复杂的。因此,在生产过程中,出现的客观规律更为复杂,哪些出现,如何综合,都决定于生产技术的要求,完全受人工的控制。比如经济因素是个控制条件,而这在天赋状况下是不见的。自然状况下各种规律的综合对整个宇宙而言当然都是有必然性的,但对某一特定的事物而言,却是有偶然性的。在生产过程中,各种规律的综合,则完全是必然性的,因生产是有一定目的的。实验与生产之不同,更可以下例说明之。很多新技术,在实验室内成功了,但在大量生产中就失败,因为要在生产中成功,需要认识的客观规律比在实验室中多得多,这许多“多出来”的规律就是技术科学所独有,而基础科学所无的。再举个例子,发射宇宙航行的飞船,现在属于实验阶段,其研究主体属于基础科学,当然需要技术科学的配合,但如将来正式开始宇宙航行的经常运输,有固定班期,那就是大量生产,需要许多添出来的规律做指导,这时研究的主体,就改属于技术科学而只需基础科学的配合了。

有很多学科,在发展的前一部分属于基础科学,但在应用到生产时的后一部分,则属于技术科学了,物理学和化学的分支学科几乎都有这种情况。然而物理学本身当然是基础科学,尽管它的战线越来越扩大。当它的战线离开了“正常条件”而到达越来越远的“特殊条件”的时候,像“高温低温""高压低压""特强的电场磁场""失重力场""超重力场"
"特别高能或低能""超长时间或超短时间"等情况下,其对象
是否仍然是自然状况下的自然现象呢？表面上好像全是试
验室内的人工产物,然而所有这许多特殊条件在自然界都是
存在的,不在地球上,就在宇宙间,试验室内的现象不过是模
拟自然界可能存在的现象而已。因而试验室内所见,仍然是
自然界的"本来面目"。

从上述的区别看来,"基础科学"这个名称是有问题的。
这是我国独创的名词,外国是没有的,在外文中只有所谓"基
本研究""基本理论",而这在这两种科学中,是都具备的。把
基础科学当作技术科学的基础,就忘了科学是生产经验的总
结,必然是先有生产然后有科学。科学规律当然永存于宇宙
之间,然而认识规律,也就是科学的形式,却是在生产以后
的事。

我建议,仍同国外一样,把基础科学仍称为"自然科学",
尽管技术科学也是自然科学。基础科学是"双料"的自然,即
它的对象是自然状况下的自然现象。

基础科学与技术科学的再分类,这里就不说了。

现谈技术分类。技术是科学内容的表现形式。通过技
术作用,比如进行自然界原来不存在的某种物质结合,自然
现象就跟着起变化,也就是物质与能量由于量变引起的质变

和质变引起的量变所表现的"推陈出新"。"出新"的结果是自然现象的"本来面目"经人工"化了装",所用"化装品"仍然是自然规律。这个"化装"有两类不同性质,构成两类不同的技术:一是实验技术,其目的是验证理论或探索新的感性知识;一是生产技术,其目的是把天然原料,经过人工改造,形成为人类服务的一种产品。两种技术都有目的性,但生产技术更明确。生产技术是长期为了同一目的的。至于实验技术,则目的不必固定,可以跟着新情况而随时变更;而且一次试验成功,不必长期重复。当然,通过实验技术,自然现象不必还原,因而可有改造自然的残余,但不成产品。同时,在生产技术中也兼有验证理论的作用。但是两种技术的目的是不同的。

生产技术是技术科学的实践,实验技术则是基础科学与技术科学的实践。对生产言,实验技术是生产技术的前导,有时生产技术亦有实验技术的性质,这就是"中间工厂"中的生产。一种技术可能在试验室中成功,而在工厂中失败,因为在试验室,一切条件是容易控制的,而在工厂中则是更加复杂的。

生产技术还可分为两类:一是工艺技术,二是产品技术。每一种产品需要多种工艺,有一定的工艺过程(即系统)。每种技术都有理论,工艺技术和产品技术的理论都属于技术科学范围,但综合情况不同。

任　务

科学的任务乃是透过偶然的、杂乱的现象去发掘和研究表面上看不出来的客观规律,并把这些客观规律按照一定目的,加以系统化,形成可以运用的知识,来为生产实践做武器。科学的力量在于它能进行概括。它被人们用来开发和利用自然力,因而它的任务首先表现于生产的发展。同时,由于积累储备,也表现为本身的发展。

技术的任务在于使人们的实践活动符合于理论的指导,用来从事生产。它表现在生产的工艺及其过程,以便提高劳动生产率,在生产上即是多快好省。同时,它也是推动科学本身发展的必要助手。没有近代技术,就没有近代科学。

现专讲基础科学与技术科学在生产中的任务。

技术科学与生产技术是理论与实践的统一关系。比如,一种生产的理论根据是技术科学,而这生产的设计施工是生产技术。为什么这样设计、这样施工? 一定有理由,理由就是技术科学。

技术科学是按学科系统分类的,但生产技术是按工艺性质划分为系统的。每一种工艺涉及几个学科,每个学科用于几种工艺,每一种工艺需要多种技术学科的综合,而每一技术学科可应用于多种工艺。比如,钢筋混凝土的设计与施工(生产技术)需要建筑材料学、冶金学、机械学等技术科学,而钢筋混凝土的理论就适用于桥梁、水坝、公路、飞机场跑道等产品的生产技术。正是由于技术科学的各学科包含了多种生产技术中具有共同性的科学理论,因此它可用来解决多种生产技术中的关键问题。

生产是根据产品的不同而分为专业的,如铁道、电机、玻璃钢等等。每一种产品需要多种工艺的配合,综合成为某一专业的产品技术。产品技术的理论是工艺技术理论的综合,而工艺技术的理论已经是技术学科理论的综合,因此它是技术科学中学科的综合的综合。工艺技术与产品技术都是生产技术,都以技术科学为理论根据,其区别即在综合性的程度。反过来说,每一种工艺技术理论对很多种产品技术理论是有共同性的,犹如每一个基础科学学科对技术科学学科是有共同性的。

在基础科学与生产专业之间,技术科学是个"桥梁",把基础科学的基本理论应用于生产实践,利用生产专业的发展推动基础科学的前进。这个"桥梁"的作用随着生产发展,它的自身也日益加强起来。

基础科学、技术科学与生产实践三者之间,还可作另一个比喻。基础科学如"棉花",技术科学如"布匹",生产实践如"衣服"。衣是棉花做的,但必须先织成布,即基础科学要通过技术科学才能用于生产。当然也有例外。冬天棉袄内有棉花,而且可以比布还重得多,即基础科学也可直接用于生产,甚至会用得很多。但是,更重要的是,没有布,无论如何,不能成衣,尽管布的重量可少于衣内棉花。在任何生产中,技术科学都是不可少的。"种"棉的种是实验技术,"织"布的织是工艺技术,"成"衣的成是产品技术。"混纺"与"交织"扩大了技术科学的领域。

水　平

我们常说追赶世界先进水平,究竟世界先进水平是什么样呢?

科学技术水平表现于完成的生产任务,水平是附带标志,我们不能"为水平而水平"。

一个国家的生产水平是和它有关科学技术的水平一致的。苏联宇宙飞船,当然是科技的胜利,同时也是工业的胜利。因此,一国的科技水平同时是这个国家生产力水平的表现。

科技门类浩繁,任何一个国家,只能在某些学科、某些技术上达到世界最高水平。这主要决定于这个国家的生产需要。比如我国黄河问题复杂,在泥沙运动规律的研究上,我国水平应当是较高的。

科学技术水平表现于科技论文。从科技期刊可看出科技进展。据说,全世界科技期刊,19 世纪初有 100 种,1850 年时有 1000 种,1900 年时有 10000 种,1960 年时,即现在有 100000 种,预计到本世纪末,将达 100 万种。在这样多的期刊中,哪一国哪一门类科技中发表的论文最多最好,就是水平最高。论文所引的文献,哪一国的最多,也是这一国水平的表现。论文是要有事实根据的,这也就表示生产或学术的水平了。

一个国家的科技水平决定于全国的科技力量,少数人或少数生产单位的突出成就,或多数人多数单位一时的成就,都不代表水平。比如某个科学家在国外研究多年,但其论文是在本国发表的,这也不代表本国水平。一国的科学技术水平,要表现在相当稳固的科学技术基础上。

科学技术发展必须要有物质基础。只有基础巩固了,水平才能提高,否则那就是一人一时一地的表现,是不能持久、不足为凭的。

我国由于百年来帝国主义侵略及封建统治的压迫,科学技术都显得落后。科技本身虽然应当是统一的,然而科学工作与技术工作的水平往往是不一致的。在我国,科学与技术哪个更落后呢?有人说,科学更落后,因为解放后,生产大发展,工业上已建成独立体系85%,可见技术发展是很快的。毫无疑问,这是正确的。然而所谓快,是因为解放前,工业上根本无体系可言,而现在已有很多现代化工业了。可以说自己的生产技术是从无到有的。然而"有"到今天,技术在世界上居何等水平呢?据说有的工业部门,技术落后于世界水平是很多的。当然,我们有的技术是很先进的,有超世界水平的,但全国总的水平,落后多少?恐怕在十年以上。但是科学水平如何呢?是不是我国科学理论水平,一般讲,比世界先进国家也落后更多,或至少十年以上呢?我想不如此。

科学理论的掌握,比技术的掌握容易,因为技术牵涉到大量劳动力和大量机械设备。科学理论可以从书本上掌握,而技术则必须从生产中掌握。理论是逐步深入的,不会前功尽弃,至多停滞不前,但技术掌握不好,就会后退返工。理论靠教育发达,不是少数人的事,提高当然不易,然而究竟决定因素比技术少,提高还是比技术容易的。

一国的科学基础与技术基础都是建筑在经济基础上的,因此都为社会制度所决定。在社会主义国家,经济跃进,科学水平的提高必然是很快的,科学与技术是相互影响、相互提高的,两个水平不应距离太远。这就是我们十年规划可以叫做"科学技术发展规划"的理由。

规　划

在社会主义国家,计划的重要性与可能性是很显然的,科学技术也一样。在资本主义国家,科技的研究,完全自由散漫,没有国家的整个计划。

我们 1956 年的科学技术远景规划,提出了 57 项任务,以任务带科学,六年来积累了不少经验。

根据今年广州会议精神,今后十年规划的要求是"重点突出,全面安排,力争先进,留有余地"。

什么是重点? 怎样叫先进? 这又是概念问题。应当结合本国具体情况来谈。高精尖是重点,吃穿用也是重点。"气垫器"与自行车的比较,值得深思。

武汉大桥当然是先进的,南盘江桥,继承赵州桥传统,是否也算先进呢?

为最大多数人服务,满足本国迫切需要,而外国又不搞的研究,就是我们的重点,成功了就表现先进。

我们的今后十年科学技术规划,应当有政治性、科学性和鲜明性,实事求是,自力更生,成为一个又红又专的规划。

1962 年 12 月 18 日在太原的报告

启宏图,天堑变通途

　　地上到处都有"堑",它的字义不过是坑或沟,用来表示障碍或困难。堑有深有浅,《史记》里就有"高垒澡堑""堑山堙谷"的话。后来这个字愈用愈广,到了南北朝时,有个孔范就说"长江天堑,古以为限"(《陈书》),于是"天堑"就成为不可逾越的一个"限"。这是古话。到了新中国,有伟大的党,伟大的社会主义,处处启宏图,一切的所谓天堑,就都变为通途了。长江上能造桥,是我国劳动人民数千年来造了无数的小桥大桥的光辉结晶。

　　大地上自然界的一个障碍就是山与河。这当然是只对交通而言。至于对一个国家来说,山与河不但不是障碍,而且是富源所在。山河当然是可爱的。但是在要翻山过河时,它们就有些可怕了。唐代大诗人李白就是这样怕过的。他在《蜀道难》的诗里说:"西当太白有鸟道,可以横绝峨眉巅。

地崩山摧壮士死,然后天梯石栈方钩连。"他又在《横江词》里说:"人言横江好,侬道横江恶,猛风吹倒天门山,白浪高于瓦官阁。"如果他能看到今天的成昆铁路和长江大桥,他就要赞叹"多歧路,今安在""人生得意须尽欢……与尔同销万古愁"了。因此,造桥修路的人,确是做了"功德"!而启宏图的人,使山河变貌,世界改观,更是万家生佛!

造桥就是斗争,就是解决矛盾。斗争的"敌人"是水、土、风。造桥时要使桥墩在水下深入土中,桥梁在空中架到墩上。深水、软土、暴风就都是难以克服的障碍。再加上它们的相互影响,那就更成为巨大的困难了。这种相互影响,在我国诗文中,描写得很多。比如,关于水和土,就是"岸裂新冲势,滩余旧落痕"(唐太宗《黄河》诗);关于水和风,就是"阴风怒号,浊浪排空"(宋范仲淹《岳阳楼记》);关于水和风土,就是"盘涡荡激,回湍冲射,悬崖飞沙,断岸决石"(元贡师泰《黄河行》)。如果翻一次山,过一次河,都觉得可怕,那么,在这样的山中河上来造桥,需要和那里的水、土、风所做的激烈斗争,不更要把人吓倒吗?然而人是吓不倒的,他能"以子之矛,攻子之盾",战而胜之。对于深水,就利用压缩空气(风)来筑沉箱基础;对于软土,就利用水射法来下沉管柱;对于暴风,就把桥墩深埋土中,再加上面水压力,以求稳固。还可以利用软黏土在管柱下面填洞,以防水漏;利用水面涨落,用船运桥梁，安装在墩上；利用"风锤""风钻"在钢梁上打"铆钉"，等等。总之，自然界的各种力，不管怎样厉害，它们彼此之间必有矛盾。只要善于运用，就可以把桥造起来了。大桥小桥同一理，不过繁简不同。大桥当然不只是小桥的放大，如果桥的长度加一倍，并不要桥的高度也加一倍，而是要把这放大尽量地缩小，使得大桥小桥各尽其美，"秾纤得衷，修短合度"。这就要看造桥大师的心领神会和眼光手法了。桥工的值得惊叹，就在于此。

造成的桥，就老待在那里，一声不响地为人民服务。不管日里夜里，风里雨里，它总是始终如一地完成任务。它不怕负担重，甚至"超重"，只要"典型犹在""元气未伤"，就乐于接受。它虽是人工产物，但屹立大地上，竟与山水无殊，俨然成为自然界的一部分。自然界是利于人类生存的，为繁荣滋长提供条件。桥也是这样。人类一有交通，就要桥；越是靠河的地方，人口越集中，桥也就越多。有了桥，人的活动就频繁起来了。它影响到一个国家的富强，成为"地利"的一个因素。自然界是最可信赖的，只要了解到它的规律，就可在宇宙间自由行动。桥也是这样。知道了它的规格，一上桥就准可同登彼岸。自然界是到处随时都美的，因为一切配合得当，缓急相就，有青山就有绿水，有杨柳就有春风。桥也是这样。如果强度最高而用料用钱都是最省的，它就必然是最美的,那里没有多余的赘瘤,而处处平衡。这样的桥就与自然界谐和了,就像宋秦少游词所说:"……秋千外,绿水桥平。东风里,朱门映柳……"自然界是新陈代谢、万古长青的,尽管沧海桑田,但也有巍然独存的。桥也是这样。由于朝夕负荷,风吹浪打,必须材料坚实,结构安全,它才能站得起来,愈站愈稳,它就能长期站下去。因此桥是长寿的,比起其他人工产物来,它常是老当益壮的。千年古桥能载现代重车,还有什么其他古物能和桥相比呢?有时桥还在,但下面的河却改道了,或两头的山崩陷了,连山河都未必能和它相比!由此可见,桥在自然界中是既可利赖,而又是既美且寿的。它当然成为人类生活中所必需,甚至是和幸福不可分的了。一个国家该有多少桥,要和它占有的山河相适应,适应的程度是文化发展的一个标志。我国山多河多而文化悠久,可见桥也一定是多的。江南水多,桥就更多。拿苏州来说,就有"一出门来两座桥"的谚语。这不自今日始。唐代大诗人白居易在此就有《正月三日闲行》的诗云:"绿浪东西南北水,红栏三百九十桥。"更重要的是,我国不但桥多,而且桥好;不是一个时期好,而是历代相传,绵延不绝。正因为这样,到了今天,就能把天堑变成通途。

当然,桥的技术、艺术和学术总是逐步发展的。我国的桥在这三方面都有光荣传统。在这基础上吸取了近代科学技术成就，中国桥在世界上就别具风格。这表现在解放后的桥梁建设。武汉长江大桥和南京长江大桥先后建成，都规模宏伟，显示出我国桥梁新技术，特别是南京长江大桥，基础深达水下73米，为世界上所罕见。四川省丰都县九溪沟石拱桥，跨度为116米，成为今天的世界第一，这都是由于我们的社会主义制度的优越性。可以确信，在党的领导下，我们将有比在武汉、南京跨越长江天堑更艰巨的桥！

　　中国劳动人民的智慧和力量也充分表现在过去的古桥上。它们有的是在技术上创造了划时代的壮丽结构，如赵州桥的大石拱上开了四个小石拱，形成现代所谓敞肩拱，比欧洲这种结构，早用了七百年之久。有的是在艺术上表达出既现实又浪漫的美妙雄姿，如北京颐和园的玉带桥，石拱作蛋尖形，特别高耸，桥面形成双向反曲线与之配合，全桥娇小玲珑，柔和刚健，大为湖山生色。有的更是在学术上留传下可以发展的科学理论，如很多古老的石拱桥能胜任现代的繁重运输，就是由于利用了被动压力的缘故。就这样，几千年来建造了无数的石桥、木桥和铁索桥。它们是随着文化的发展而发展的，形成中国文化史上的里程碑。这是指桥的兴建。建成以后，桥就倒过来协同推动文化的前进。历史上的这种桥梁作用是值得大书特书的。当然桥不可能是孤立的，有了桥就有路、有水、有山，更有桥上的行人车马，凑在一起，就演出人间的许多故事,或是历史上的兴亡代谢,或是小说中的离合悲欢。而它们任何时刻的风光景色,都能引起人们的深思遐想,诗情画意。这样一来,桥话就多了。

桥与山水　山多水多路难修,难处就在桥,而山水是路所必经的。桥也是路,不过不是躺在地上,而是架在空中的。空中的路当然比陆上的路难修了。其难处是要让下面过水行船。水不但有浪潮,而且有涨落。大水时也要走船,水涨船高,桥的路面就更高。不能"路归路,桥归桥",而要宛转自如地连成一线。近代是在两岸造引桥,把路徐徐引上桥。古代则是使桥面隆起,形成驼峰,因而广泛采用了石拱桥。两山之间的桥,奇峰突起,峭壁深涧,又是一种困难。不便有中流砥柱时就用悬索吊桥。桥的构造形式真是说不尽。在名师巨匠手中,争奇斗胜,尽态极妍,终使万水千山路路通。而且所成之桥还为山水增光。山水本来是美丽的,在我国往往成为风景的代名词,桥在这样天然图画中,如果不能联芳济美,岂非大煞风景。唐杜甫诗"市桥官柳细,江路野梅香",白居易诗"晴虹桥影出,秋雁橹声来",宋苏轼诗"弯弯飞桥出,敛敛半月彀",明王贤诗"横桥远亘如游龙,明珠影落长河中",王锡衮诗"飞梯何须借鳌背,金绳直嵌山之侧,横空贯索插云溪,补天镶地真奇绝"等等,就描写了山光水色中的各式各样的桥。

桥与园林　我国园林有独特风格,园林里的桥也就很别致。它不通车马,但也不仅是为了走人行船,而是还要能点缀风景,为园林平添佳趣。那里的小山小水,有时本不需桥,但作为亭台楼阁的陪衬,或水中倒影的烘托,就来些水上小桥,借景生色。它当然不是什么"大块文章"。有时不过是一些石块,平落水中,形成一线,使人蹑步而行,这在古时叫"鼋鼍"(《拾遗记》"鼋鼍以为梁"),现时叫"汀步"。有时造成水上游廊,下面是桥,上面盖屋,两旁红栏碧牖,掩映生姿。有时把桥造得很低,几乎与水相平,人行其上,恍同凌波微步。有时桥又故意曲折,甚至七转九折,令人回环却步,引起景移物换之感。有时是一线平桥,或木或石,无栏无柱,简洁大方;有时是桥上有亭,桥下有拱,上面是画栋雕梁,下面是月波荡漾。在较大的园林中,气派不同,桥也该显得壮丽,当然就另是一种境界了。园林桥的仪态万千,总要浓淡入画,宋欧阳修诗"波光柳包碧溟濛,曲渚斜桥画舸通",就是为它写照。

桥与历史　桥是交通要道的咽喉,形成一个"关",因而在各地的志书里,总是"关梁"并称。桥在历史上的作用真不小,往往一桥得失,影响到整个战争局势。首先应当提到"大渡桥横铁索寒"的泸定桥,清代就曾在此压迫过打箭炉的少数民族。1935 年,我红军万里长征,强渡大渡河时,22 名英雄,攀桥栏,踏铁索,冒着弹雨,勇猛攻占全桥,为人民革命胜利,写下了光辉诗篇。卢沟桥,在北京西南永定河上,是1937年日本帝国主义对我国发动侵略战争的爆发地,也是我国抗日战争中值得纪念的一座桥。三国时,蜀将姜维在阴平道上的阴平桥,聚师抗魏。春秋时,秦将孟明伐晋"洛河焚舟",遂霸西戎(这里所谓舟,就是浮桥,名孟明桥),像这样历史上的名桥还很多。至于抵御外侮,洛阳桥就是明代抗倭的一个要塞。郑成功则曾在这桥上抗清,取得胜利。

桥与人物 这类故事,较早的要算尾生。《史记》苏秦传:"秦说燕王曰'信如尾生,与女子期于梁下,女子不来,水至不去,抱柱而死'。"国士桥在山西赵城,"昔豫让为智伯报仇,欲杀赵襄子,伏于其下"(《山西通志》)。斩蛟桥,在江苏宜兴,苏东坡曾为题榜"晋周侯斩蛟之桥"(《游宦纪闻》)。有些桥的故事流传甚广,但其确址难考。如汉张良游下邳,遇圯上老人命取履。圯就是桥,这桥当然就在下邳了,但河南归德府永城县有酂城桥,"一名圯桥,即张良进履处"(《河南通志》)。

桥与文艺 桥在水上山间,凌空越阻,千仪百态,普度苍生,当然成为文学和艺术中的绝好题材。这在我国的诗文、绘画、雕塑中真是丰富极了。有的是形容桥身的构造,有的是咏叹桥上故事,更多的是赞赏桥边上下的景物风光。最著名的如苏州枫桥,除了中外闻名的张继《枫桥夜泊》诗外,还有杜牧的"长洲茂苑草萧萧,暮烟秋雨过枫桥"等等。灞桥,在陕西西安,东汉人送客至此桥,折柳送别(见《三辅黄图》)。"灞陵有桥,来迎去送,至此黯然,故人呼为销魂桥。"(《开元遗事》)后来宋柳永有词:"参差烟树灞陵桥,风物尽前朝;衰杨古柳,几经攀折,憔悴楚宫腰。"情尽桥,在四川简阳,唐雍陶有诗云:"从来只有情难尽,何事名为情尽桥,自此改名为折柳,任他离恨一条条。"以上是以某一桥为题的,更多的是借桥咏怀,寄情山水,而并无专指专属的。如唐温庭筠诗:"鸡声茅店月,人迹板桥霜。"韩翃诗:"蝉声驿路秋山里,草色河桥落照中。"韦庄诗:"阶前雨落鸳鸯瓦,竹里苔封蟛蜞桥。"宋陆游诗:"断桥烟雨梅花瘦,绝涧风霜槲叶深。"范与求诗:"画桥依约垂杨外,映带残阳一抹红。"元马致远词:"枯藤老树昏鸦,小桥流水人家。"……都是情文并茂的。至于绘画,著名的有宋张择端的《清明上河图》里的"虹桥",这是个木桥,结构不用钉,非常巧妙。近代木刻画里有《人桥》,一线人群立水中,肩上荷板,板上行军,表现出艰苦卓绝的战斗精神。

桥与戏剧 戏剧这种特殊的文艺形式,对于搬演桥上的故事,有深远作用。拿京剧说,演出的桥戏就不少。最著名的是《长坂坡》,在《三国演义》里叫"长坂桥"。《三国志·张飞传》:"曹公入荆州,先主奔江南,使飞将二十骑拒后,飞据水断桥,瞋目横矛,敌皆无敢近者,遂得免。"还有《金雁桥》,演张任被捉,也是三国故事。关于恋爱的戏就更多了,如《断桥相会》《虹桥赠珠》《草桥惊梦》《蓝桥过仙》等等。直接宣传造桥故事的有《洛阳桥》灯彩戏,描述建桥如何艰巨以及桥成后,"三百六十行过桥"时的群众欢乐情景。除京剧外,各地方剧中,也有很多桥戏不及备述。

桥与神话 由于桥是由此岸跨到彼岸,空中飞越,不管下界风波,这就引起人们的美丽幻想。看到天上彩虹就像人间拱桥,因而把拱桥比作长虹、卧虹、垂虹、飞虹等等的虹。更看到虹的远及天边,上虹就上天,这岂非人间天上的一座桥?最著名的是鹊桥故事,想出织女牛郎,由于封建压迫的缘故而形成银河阻隔,就假托连玉皇大帝都控制不了的大批乌鹊,来为他们填河成桥,使情人相会。这样的神话,当然是流传不朽的了。魏曹丕诗:"牵牛织女遥相望,尔独何辜限河梁。"尚能道出此中心曲,并且感到桥还不足。可见连天上的神仙都要桥,因为天上是没有桥的。这样的好东西,只在人间!

桥,确实是个好东西。为了与人方便,它不但在地上通连道路,而且从各方面弥补缺陷,化理想为现实。我们有各种广义的桥。船是过渡的桥,火箭是上天的桥,商业是工农业之间的桥,最伟大的是通向共产主义的社会主义大桥！它使人类从悲惨世界跨越到康乐世界,从黑暗时代跨越到光明时代！这座大桥,全世界都在造。如今正是处处启宏图,天堑变通途！

原载 1962 年《人民文学》12 月号

天堑变通途

——谈桥梁跨度

　　武汉长江大桥建成后,南北天堑,变成通途。桥的作用就是在路断的地方为它补空。因此,桥也是路,不过不是躺在地上,而是架在空中的。因为架在空中,这条"路"就能跨山河、平天堑,而让上面行车走人,下面过船流水。它是怎样架起来的呢?它就是一头在此岸,而那一头却"跨"到彼岸去了。小桥小跨,大桥大跨;跨得越远,桥的技术越高。一座桥的跨度就是衡量它技术的一个指标。其他指标是桥上的车重、车速、风力,桥下的水深、水速、泥沙厚度以及水面上航运净空、山谷里桥墩高度,等等。

　　桥有几种"跨"法。最普通的是像条板凳在两个桥墩上横跨着桥身,叫做"梁",因而这种桥叫做"梁桥"。它的特点是:梁是笔直的而且是平放在桥墩上面的。梁上有重量时,它就向下弯曲,好像板凳上坐人,板就下垂一样。梁向下弯时,它的内部就处处受力,但情况不同。如把梁切断来看,那么,断面的上部受"压力",下部受"拉力"。因此,用来做梁的材料,必须同时有"抗压"和"抗拉"的强度。但是,任何材料的这两种强度都是不一样的,如用石块做梁,跨度过大,则抗拉强度不足,可使下面断裂,但其抗压强度还未充分发挥。混凝土也是一样,抗拉强度小而抗压强度大,如用做梁时,要在下面放进钢筋,来增加抗拉强度。就是用钢料做梁,它的抗拉与抗压强度也是不一样的,不过抗拉大于抗压。由于抗拉与抗压的强度不平衡,任何材料做成梁式的桥,都是不经济的,这就使梁桥的跨度受到一定限制。

为了扩大跨度,可以变更梁在桥墩上的安置形式,来增加梁的强度。一种形式是把梁放在三个或更多的桥墩上,使它从一个桥墩,连续到几个桥墩,因而每一孔梁上的重量就可由其他各孔的连续梁来共同担负,这就可尽量平衡梁内抗拉强度与抗压强度的差距。这种桥名为"连续梁",是一种先进的设计,武汉长江大桥的钢梁,就是这种形式。

但是,更彻底的扩大跨度的方法,是把造桥材料做成一种形式,使其强度得到充分发挥而毫无浪费。比如,石料的抗压强度大,抗拉强度小,就把石料做成一种像瓦片的形式,在那里面,处处都是压力而无拉力。又如钢料的抗拉强度大,抗压强度小,就把钢料做成一种像晒衣绳的形式,在那里面,处处都是拉力而无压力。瓦片式的桥叫做"拱桥",晒衣绳式的桥叫做"悬桥"。

拱桥的"拱"就是弯曲的梁,因为这一弯,就把梁内的拉力全部改变为压力了。同是石料,做成拱桥,它的跨度就比梁桥大得多,而且可用石块拼砌,不像梁桥要受石块长度的限制。著名的赵州桥,建成于一千三百多年前,就是石拱桥,跨度达 37.02 米。最近在云南省建成的石拱桥,跨度长达 114 米,成为世界上最大的石拱桥。钢筋混凝土的拱桥,跨度已达 264 米(瑞典),而钢料做成的拱桥,跨度更达到 503 米(在澳洲雪黎港①)。

悬桥是吊起来的梁桥。在那里,许多小跨度的梁,不是个个放在桥墩上,而是一齐吊挂在几根很长的钢丝绳绞成的钢缆上,使这许多小跨度连接成为一个大跨度。钢缆挂在两旁桥墩上的桥塔上,钢缆的两头锚碇在两岸。这样,全桥重量,最后都传到钢缆,而使它下坠,弯成曲线。钢缆在下弯时,内部全受拉力,而钢丝绳的抗拉强度却正是一切材料中最高的。因此,悬桥的跨度不但比梁桥大,而且可以大大超过拱桥或任何其他形式的桥。现在世界上跨度最大的桥就是悬桥,跨度已达 1299 米(在美国纽约,正在建造)。

---

① 即澳大利亚悉尼。

可见,由于科学技术的发展,新材料、新形式的桥层出不穷,桥的跨度是可以越来越大的。将来的桥,连山越海,一定能把任何天堑变通途!

原载 1962 年 7 月 27 日《武汉晚报》

天津的开合桥

开合桥就是可开可合的桥,合时桥上走车,开时桥下行船,一开一合,水陆两便,这是一种很经济的桥梁结构。但在我国,这种桥造得很少,直到现在,几乎全国的开合桥都集中在天津,而且天津市区的绝大多数的桥也就是这种开合桥,这不能不算是天津的一种"特产"。南运河上有金华桥,子牙河上有西河桥,海河上有金钢桥、金汤桥、解放桥。这些都是开合桥。为什么天津有这样多的开合桥而其他都市如上海,就连一座都没有呢?

桥是架在河上的、空中的路,过桥就过河,对陆上交通说,过河有桥,当然是再好没有了。但是河上要行船,有了桥,不但航道受限制,而且船有一定高度。如果桥的高度不变,那么水涨船高,就可能高得过不了桥了。要保证船能过桥,就要在桥下预留一个最小限度的空间高度,虽在大水时期,仍然能让最高的船通行无阻。这个最小限度的空间高度,名为"净空",要等于河上航行的船的可能最大高度。根据河流在洪水时期的水位,加上净空,就定出桥面高出两岸的高度。可以设想,如果河水涨落的差距特别大,如同天津的河流一样,那么,这桥面的高度就高得惊人了。桥面一高,那两岸的车辆如何能上桥呢? 要使车辆能上桥,就只有在桥面和地面之间,再造一座有坡度的桥。这种有坡度的桥名为"引桥",是过河的"正桥"的附属建筑。有了引桥,车辆就可"引"上正桥了。但是,引车上桥的坡度是有一定限制的,对汽车来说,通常是不超过百分之四,就是说平行 100 米,只爬高四米。假如正桥的路面高出岸上路面 10 米,那么,引桥长度就要有至少 250 米,如果两岸地面一般高,两岸引桥长度加起来就要有至少 500 米。这样,引桥长度就会比正桥还长了,这不但增加了桥梁的造价,而且对两岸陆地上引桥两旁的房屋建筑,是非常不利的。这在城市规划上,成了不易解决的问题。这便是水陆交通之间的一个矛盾。为了陆上交通,就要有正桥过河,而正桥就妨碍了水上交通;为了水上交通,就要有两岸的引桥,而引桥又妨碍了陆上交通,因为上引桥的车辆有的是要绕道而行的,而引桥两旁的房屋也是不易相互往来的。因此,引桥这种建筑,在郊外还没有问题,而在都市里,除非长度有限,影响不大的以外,总是一种障碍物,应当设法消除。开合桥就是消除引桥的一种桥梁结构。天津开合桥多,就是这个原因。

开合桥的种类很多。一种是"平旋桥",把两孔桥连在一起,在两孔之间的桥墩上,安装机器,使这两孔桥围绕这桥墩,在水面上旋转90°,与桥的原来位置垂直,让出两孔航道,上下无阻地好过船;一种是"升降桥",在一孔桥的两边桥墩上,各立塔架,安装机器,使这一孔桥能在塔架间升降,就像电梯一样,桥孔升高时,下面就可过船了;一种是"吊旋桥",把一孔桥分为两叶,每叶以桥墩支座为中心,用机器转动,使其临空一头,逐渐吊起,高离水面,这样两叶同时展开,就可让出中间航道,以便行船;一种是"推移桥",把一孔桥用机器沿着水平面拖动,好像拉抽屉一样,以便让出河道行船。天津的解放桥、金钢桥及西河桥都是吊旋桥,金汤桥是平旋桥,几乎各式皆备。

开合桥的优点是,桥面不必高出地面,不用引桥,但开时不能走车,合时不能通船,水陆交通不可同时并进,又是开合桥的缺点。特别是,桥在开合的过程中,既非全开,又非全合,于是在这一段时间里,水陆都不能通行,这在运输繁忙的都市,如何能容许呢? 因此,在桥梁历史上,开合桥虽曾风行一时,但在近数十年来,就日益减少,几乎快要被淘汰了。

问题是,已经建造了开合桥的地方,若欲改为固定桥,就要添建引桥,而这又是不可能的。那么,如果桥上桥下的车船运输,都在高速度地发展中,这开合桥怎样才能更好地服务呢?应当说,有几种改进的可能:一是将桥身减轻,如用轻金属或塑料,使它容易开动;二是强化桥上机器,提高效率,大大缩减开桥合桥的时间;三是利用电子仪器,使桥的开合自动化,以期达到每次开桥时间不超过三分钟,如同十字道口的错车时间一样。这些都不是幻想,也许在不久的将来就会实现的。

原载 1963 年 3 月 31 日《天津日报》

联合桥

联合桥是铁路与公路联合使用的桥,既走火车,也走汽车,各走各路,两不相扰,因而是一种很经济的桥梁结构。它的形式很多,但可分为两大类:单层式及双层式。在单层式,铁路与公路同在一层桥面,铁路居中,公路分列左右,一来一去。在双层式,铁路与公路各占一层桥面,一般是铁路在下而公路在上。两种类型,各有利弊,但总的说来,双层式优于单层式,武汉长江大桥和杭州钱塘江大桥就都是这种双层式的联合桥。

联合桥具有铁路桥和公路桥的双重作用,但桥只一个,当然比两个桥省得多。它虽有专为铁路和公路而设的各别的桥面结构,但这两个桥面却为同一桥身、同一桥墩所承载,这一桥身就比铁路桥和公路桥所需的两个桥身小得多,桥墩也只要和铁路桥或公路桥的桥墩几乎同样大小就够了,这也是"一加一不等于二"的一个例子。因此，如果铁路公路必须在同一地点过河时，修建联合桥应当是最经济的措施。但这里牵涉到路线问题。

桥离不开路。铁路公路同用一座桥时，铁路和公路的路线就在桥头相遇。那么，是应当公路线迁就铁路呢，还是铁路线迁就公路呢，还是两不迁，单单为这联合桥选定最适合的桥址，而把铁路线和公路线都分别引到这桥上来呢？

在一般情况下，联合桥大半是从铁路桥扩充而来的；就是说，铁路正要修桥，而公路也有需要，因而双方合作，但铁路担负大部分投资。在这时，桥的位置往往由铁路决定，公路设法迁就。不过这在野外乡间虽无问题，而在城市区域内就不如此简单了。

桥也是路，可算是路的组成部分，它的位置应当服从路的需要，铁路桥、公路桥都一样。铁路桥应当满足铁路规划的需要，市区公路桥应当满足城市规划的需要。不论铁路规划或城市规划都要求铁路路线不与城市道路相混。路不相混，它们的桥如何能合二为一呢？并且，城市公路桥上，不但车辆复杂、运输繁忙、行人拥挤，而且还有各种电缆、电线、水管、煤气管等等都要过桥，其情况和野外公路桥大有区别。可见在城市区域内，联合桥是极不相宜的。至于城市近郊，铁路线也要服从城市规划，如修联合桥，它的位置便由公路决定,而要求铁路线来迁就了。如果迁就困难,只好铁路公路,各修各桥。这都是以路线来决定桥位的结果。

但是,有时桥也很有独立性,它的位置反过来决定铁路和公路的路线。这便是工程特别艰巨的桥梁。工程所以艰巨,是由于河道的地理、地质和水文条件,而这是和桥的位置有关的。有些条件越是困难,桥的位置的选择越是重要。相形之下,不论铁路或公路路线的选择就都成为次要了。这就是说,如修联合桥,应先选定桥位,然后让铁路和公路的路线都来迁就。而且,大城市往往就在大河边,大河上的桥往往是难修的,这种桥的位置,在城市规划中,就会成为一个决定因素;不论铁路或道路的安排,都要随着桥位的决定而决定。并且,桥既然难修,当然越少越好,在这里,联合桥就最能发挥其优越性了。

正因为它的优越性是这样显著,联合桥的一些缺点就在无形中被掩盖了。比如,铁路、公路本来是各有路线的,现在共走一座桥,就必须要求一条路线,甚至两条路线,都要绕道而行,因而大大增加了线路工程的土石方和小桥涵洞。双层式的联合桥,上层桥面的路线,一般是公路,所需的额外的线路工程就更多了。所有这样增加出来的线路工程费,比起由于利用联合桥而节省出来的桥梁建筑费,孰多孰少,是个重要经济问题。并且,利用联合桥,将路线延长,将来运输时间也要增加,成为长期负担,是否值得,也当考虑。可见,为了联合,总得付出代价。

原载 1963 年 4 月 5 日《人民铁道》

明天的火车和铁路

——一段奇怪的对话

"哎呀,小梅,这才把你找到了! 上海来的旅客真是太多了! 在 3000 人里面能把你找到,我的眼力还算不错哩!"

"是呀,小柳,我也没想到你会来接我。几个钟头以前,我还在电视机里看到你在北京体育馆里赛篮球呢!"

"路上好吗? 今天这样大的风雪,我还担心你会晚到,哪知半分钟都不差!"

"什么也没有觉得。老马还在路上利用时间画了一张精密工程图呢。我洗了个澡,一面欣赏头顶上纷飞的大雪,真有趣极了。"

"已经过 12 点了,吃饭去吧!"

"谢谢,早饭吃得太饱了,现在还不饿。妈妈一定要我吃完了她做的面条才放我走。现在我急于要到机关去,半路上他们已经打电话来催过我了。"

"那么,今晚上我请你和老马看西藏来的芭蕾舞吧!"

"好吧,那么晚上见!"

"再见! 我晚上来接你。"

同学们听了这段对话,一定摸不着头脑。小梅是怎么来北京的呢? 坐飞机? 飞机载不下 3000 个旅客。坐船? 不会在上海吃早饭而才过中午就到了北京。坐火车? 火车上可不能画精密的工程图。而且在大风雪中,火车还居然能准时到达。这究竟是怎么回事呢?

原来这段奇怪的对话,今天还听不到,而在不久的将来,你在北京站上就可能天天听到。小梅乘的正是火车,但不是今天这样的火车。

坐在明天的车厢里

明天的火车真漂亮极了。车厢是塑料做的,两壁和车顶都是透明的有机玻璃。你可以毫无阻碍地眺望车外的风景,还可以抬头观看天色。这车厢没有窗子,也不可能有窗子,因为车子跑得太快,开了窗,风就太大了。但是车厢里空气新鲜,四季如春,因为有自动调节装置控制温度和空气的流通。座位是沙发椅,靠背可以随意往后仰,下面还有活动扶腿垫。你如果疲倦了,就可以躺下来睡觉。旅行中需要的设备,车厢里应有尽有。最妙的是无线电传真电话,你可以和全国各地的亲友通话,还可以预先看到前面车站有谁来接你。

然而最特别的还在于两点：第一是车厢有上下两层，每层有 100 个座位，一节车厢就可以坐 200 人，15 节车厢就可以乘 3000 人。餐车的上面一层是俱乐部，有图书室、音乐室、台球室等，还附设浴室和理发室。第二是车厢下面用的不是钢做的弹簧，而是"空气弹簧"。坐在这样的火车里在新式铁路上奔驰，你就既不感到震动，又听不见声音，所以可以在车上打球、理发，甚至画精密的工程图。

然而这一切还不是主要的优点。明天的火车的主要优点在于运动得特别安全、特别快和异常准确，准确得和钟表一样。这三件事是相互关联的。要做到这三件事，必须有新式的机车（火车头）、新式的信号（红绿灯）和新式的铁路。

让列车跑得更快

现在常见的火车头都是冒烟的蒸汽机车。这种机车用煤把水烧成蒸汽，用蒸汽作为动力，"火车"这个名词就是这样来的。

蒸汽机车的缺点很多，不但速度提不高，力气不够大，而且效率很低。原来蒸汽机车烧的煤，每 100 公斤^①只有 5 ~ 8 公斤煤的能量是真正用来推动火车前进的，其余的 92 ~ 95 公

---

① 公斤：千克。

斤都白白地浪费了。所以蒸汽机车现在已经有被烧柴油的内燃机车和用高压电的电力机车逐渐代替的趋势。这两种机车速度高、力气大,而且比较经济。它们的速度都是蒸汽机车的三倍以上。我国水力资源特别丰富,电力机车的前途就无限广阔。从上海到北京的铁路,现在大约长 1500 公里,将来铁路修得多了,铁路网密了,还可以抄近路。每条铁路有复线,来往的列车就可以各走一条线,不需要中途让车。再用强大的电力机车,每小时就可能跑 200 公里以上。到那时候,上海来北京的直达快车,沿路不停,不是六七个小时就够了吗?由于电力机车效率高、速度快,拉的车厢多,客票价格当然也非常便宜了。

再看得远些,将来的机车和车厢除了以上说到的改进,还可能有更大的革新。我们知道,列车跑得越快,空气对它的阻力越大。能不能想个办法,使空气不但不起消极作用,反而起积极作用呢?飞机就是个很好的例子,它利用空气的"浮力"承担重量,利用空气对螺旋桨的"抵抗力"向前推进。将来的列车也许可以利用同样的原理,在速度达到某个限度的时候,能借空气的"浮力"腾空而起,稍稍离开路轨,免去车轮和路轨的摩擦,同时利用空气的"抵抗力"加速前进。如果能这样,铁路运输就格外多快好省了。

安全行车的保证

铁路上的信号是安全行车的重要保证。在单线的铁路上，来往的列车要在中途的车站上互相让车，当然需要信号。就是在复线的铁路上，向同一个方向行驶的列车速度也未必相同，后面的列车还可能撞上前面的列车，所以也需要用信号控制，才能避免出事故。

将来的信号完全是自动的，不需要人来管理。前面的一段铁路上没有列车，绿灯就亮了，如果一有列车，绿灯立刻变成红灯。机车上有一种电力装置，前面一出现红灯就能自动停车。通过这种自动信号，还可以在车站的调度室集中调度列车的运行。在 100 公里的范围内行驶的列车，只要一个人就能调度。他不但可以通过各种信号，知道各条铁路上列车的运行情况，还可以通过电视亲眼看到这些列车。他不但可以用揿电钮的办法来向列车发出信号，还可以用无线电话和列车上的司机通话，就像现在飞机场上的调度员指挥飞机航行一样。

还要有更好的铁路

有了好的车厢、好的机车，有了好的信号和调度系统，是不是就能大开快车了呢？还不行，还需要一个更重要的条件，就是要有更好的铁路。

铁路的特点就在它有两条路轨，轨面很光滑，车轮在上面滚的时候摩擦力很小，所以能走得快。路轨本来是铁的，所以叫"铁路"；现在都用钢了，就该叫"钢路"。然而将来，也许会用更光滑而又便宜的玻璃轨、陶瓷轨，那该叫什么路呢？还是叫它"铁路"吧！就像用蒸汽机车拉的列车叫"火车"，用了内燃机车、电力机车，甚至将来用了原子能机车，难道得一次又一次地改名字吗？为了方便，仍旧叫它"火车"吧！

目前的铁路有许多缺点：首先，钢轨是一节一节接起来的。这样做原来是为了适应温度的变化，在每两节钢轨之间留一条缝，好让它热胀冷缩。但是就因为有了缝，车轮滚动的时候，每遇到前面一节钢轨的头，就冲击一下，造成了震动和扰人的响声。其次，钢轨是钉在木质的轨枕上的。木质轨枕不但强度不够，而且寿命不长，很不经济。再次，钢轨钉在轨枕上，轨枕埋在碎石渣铺成的道床里，道床又铺在泥土筑成的路基上，它们并没有结成整体，容易松动，影响铁路的强度，使火车不能尽量开快。

这些缺点，现在正在开始被克服。钢轨可能一节一节焊接起来，这种钢轨叫做"长钢轨"。长钢轨钉死在轨枕上，温度变化时也不会变形。用长钢轨铺的线路叫做"无缝线路"。

轨枕可以不用木头,而用既坚固又耐久的"预应力钢筋混凝土"。至于把钢轨、轨枕和道床结合成一个整体,现在也提出了几种"整体道床"的方案。

目前世界各国的铁路还有个成规没有被打破,那就是钢轨一定要有左右两条,列车才"站"得稳。这两条钢轨之间的距离叫做"轨距"。各国铁路的轨距不同,苏联的就比我国的稍大一点,越南的又比我国的稍小一点。苏联和越南的机车和车厢一般都不能在我国的铁路上行驶,我国的也不能开到苏联或越南去,对于国际联运很不方便。

能不能不用两条钢轨,而只用一条呢?这样不但没有轨距的问题,还可以使所有的铁路成为"一线之路",可以省掉多少材料多少工程呀!但是在一条钢轨上,列车怎么能"站"得稳呢?这也不难,只要在每节车厢里装上左右两个飞轮,飞轮有平衡的作用,飞快地旋转起来,就能使车厢稳定。

明天的铁路在呼唤你们

火车要开得快,要求线路又平又直,要求尽可能少经过桥梁隧道,所以测量选线工作非常重要。线路选择得好,不但能减少工程量,而且是火车能开得快的基本条件。

在解放以前,官僚地主霸占着土地,线路要从他们的土地上通过,就有许多麻烦,甚至根本通不过。在现在社会主义制度下,这些障碍早已一扫而空了。我们还可以用最新的科学技术装备来测量和选择线路,如利用飞机航测。假如把上海到北京的线路重新选定,免去所有的不合理的弯道和坡度,又改用长钢轨和整体道床,电力机车在这样的铁路上行驶,就可以把速度提高到每小时 200 公里以上了。

少年朋友们,现在你们明白了吧,上面的一段对话是完全可以实现的,并且用不着等到遥远的将来。比如全金属双层客车、内燃机车、电力机车、新型信号、焊接长钢轨、预应力混凝土轨枕等,我国都已试制成功了,而且所用的机器、材料和仪器等也都是我国自己造的,不久可以大批生产。这些都是实现前面这段对话的条件。

当然,还有许多条件目前还是科学的幻想,还需要做不少的科学研究工作,还需要大力进行艰巨的工程。少年朋友们如果想乘小梅所乘的火车,现在就要立下大志,好好学习,准备将来献身给火车和铁路的科学技术工作。

明天的铁路在呼唤你们! 一切伟大的社会主义建设事业都在向你们招手。

原载 1963 年 8 月《奔向明天的科学》

为什么看不见柱子

当你走进一个大教室、大会堂、电影院或者运动场,而发现在那里面看不见一根柱子:上面的屋顶或者楼板,虽然非常宽,好像就是轻轻地放在四围的墙上,中间空空的,什么支持的东西都没有。你会感觉到有点奇怪,甚至吃了一惊吗?如果是的话,那就算你平常注意到柱子的作用,知道柱子在房屋建筑里是不可缺少的。既然你对柱子有兴趣,我们就来谈一点关于它的科学技术吧。

柱子孤零零地站在地上,四面无依无靠,上面负担着房顶或者楼板上的重量,下面很牢靠地在地底下生根。它是长长的,笔直的,而且上下一般粗的。它把上面房顶或者楼板的重量传送到下面的地土中。它在房屋建筑里起着骨干作用,所有它上面的重量,不管多大,都由它包下来,由它负责,很好地传达到地里。房屋里有了柱子,有它顶住上面的东西,我们就可安心地在下面读书或工作,它真是把方便让与别人,把困难留给自己啊!

当然,一个房子里总有好几根柱子。房顶或楼板上的重量,一般都是放在横的材料(叫做横梁)的上面,然后把横梁放在柱子上面。一根横梁至少要两根柱子顶住,一头一个。有的时候,一根柱子顶住横梁的一头,另一根柱子顶住横梁的中段,让横梁的另一头伸出来,在伸出来的一段横梁上铺楼板,这楼板的下面便看不见柱子了,这就是一般剧院里或电影院的楼上观众厅的构造。房顶或楼板下面的横梁是可长可短的,在一定宽度的房顶或楼板下,横梁长了,需要的数目就少,短了需要的就多。每根横梁要两根柱子,那么,横梁越长,当然柱子也就越少。如果房顶或楼板下面,在宽的一面,只有一根横梁,那么,这横梁的两根柱子就在房子的两边,房子当中,就看不见柱子了。所以,要想房子当中看不见柱子,那就需要两个条件:一个条件是柱子上的横梁要长,横梁长了,上面房顶或楼板的重量就大了,柱子顶住横梁也就更吃力了;第二个条件是,柱子既然更吃力,它就要有更大的强度。

一根柱子的强度是怎样决定的呢?第一,要看柱子的材料。我们可用木头、砖头、石头、钢铁、混凝土、钢筋混凝土等材料做柱子。这里,钢铁和石头的强度较高,木头和砖头的强度较低。第二,要看柱子的形状,比如方的、圆的、八角的、长方的、工字形的等等。一般说来,圆的最好,因为它的强度是均匀的,方的四个尖角总是容易损坏的。柱子还可做成空心的,像个很厚的管子。用同样多的材料,空心的柱子就比实心的柱子的强度高。这种空心柱子叫做管柱,武汉长江大桥的基础就是用这种管柱做成的。第三,要看柱子的长短和粗细的比例。短的粗的比长的细的强度高。因此,同样长的柱子,越粗越好。空心柱子之所以好的原因,也在这里,因为它既然空心,就可做得更粗了。第四,要看柱子的上头是如何同横梁联结的,下头是如何同地基联结的。联结得越坚固,柱子的强度越高。老式的房子都用木头做柱子,柱子下面放在石头上,这块石头叫做“础”,所以我们现在都把下面生根的地方叫做“基础”。第五,要看柱子下面地土的情况,不管柱子本身如何好,如果地土很松,或者本来很紧,但遇到水就松了,那么,柱子就会往下沉,或者变歪了,柱子上面的横梁也就不稳了。所以柱子的基础一定要放在坚固的地土里,对于松软的地土,要用各种方法来加强。

为什么一根柱子的强度,要由这五个条件来决定呢?因为柱子是受上面重量的压迫的,同时它又受下面基础的顶托,柱子夹在当中,上下都对它“进攻”,它当然就被压短了,但是柱子是不愿意被压短的,这就引起了柱子的抵抗,这个抵抗就表现为柱子的强度。柱子的材料越好,它的形状越粗大,当然它的强度就越高。但是,柱子在被压短的时候,如果不凑巧,它还有弯曲的形状,变成了一张弓的背一样,那就很不利了;柱子一弯,它就会越弯越多,因而柱面开裂,上面横梁走动,这是很危险的。为了防止弯曲,柱子的长短和粗细就要有一定的比例,我们常说高大的柱子,就是因为高的柱子一定要大,才不会弯曲。此外,柱子的上下两头如何联结也与弯曲有关系:联结得越坚固,弯曲越少,柱子也就更加稳定。我们说,柱子的强度越高越好,这句话是相对的。是说,在同一横梁下面,用同样好、同样多的材料,能叫柱子的强度高,那才是我们的目的。在这里,就要看设计的巧妙了。好的设计还要好的施工来实现,理论要和实际结合,这是对柱子和一切建筑的共同要求。

必须了解,一根柱子在一个房子里的作用并不完全是由它本身的强度来决定的。房子里有很多柱子,柱子上有横梁,横梁上有楼板,高楼的柱子更有几层横梁,上面还有屋架屋顶。所有这些柱子、横梁、屋架等等,共同结合成为一个整体,在这整体内,柱子仅是一个单位,只能发挥部分作用;把各单位的部分作用集中起来,这个整体才能有整体作用。在整体作用中,柱子的强度和其他单位的强度,打成一片,如果一个单位的强度,因为某种原因而减少了,其他单位就会来支援,好像有大协作的精神一样。在任何建筑里,这种总体作用的影响是非常重要的。同时,在建筑设计里就要特别注意这种总体作用。比如,柱子因为上头有重量而下面是土地,总是会下沉的,好像这是可怕的,但是如果所有的柱子都下沉得一般多,并且同其他单位发挥整体作用,那么,这座房子就能平平稳稳地下沉,并不影响它的安全。

在一座房子的整体作用里,一根柱子的作用,可以很大,也可以很小。比如马戏场的帐篷是靠中间一两根柱子顶起来的,这个柱子的作用就特别大;又如扶手栏杆里一条条直的细木杆,也是柱子,但它的作用就很小。然而,无论作用大小,每根柱子都还是少不了的,都有它的一定贡献。任何大的柱子都不能离开房子整体而孤立地起作用。只要在整体里面,任何小的柱子也会在一定时候担当特别重大的任务。

有的柱子在房子里占着特别显著的地位,人人看得见,成为装饰品,比如大会堂里主席台两旁的大柱子,油漆得非常漂亮。也有的柱子虽然上头顶着很长很大的横梁,十分吃力,却在房子两边,而且隐藏在一道墙里,没有人看见它。

柱子是正直的,能够在整体内独立担当重任。它有大有小,有长有短。有的出现在大庭广众之中,有的躲在角落里,没有人注意它。

你愿意做根看不见的柱子吗?

1963 年

科学技术中的代号

文字是表达思想的工具。代号是代替文字的工具,有时还能更加确切地表达思想,起文字所不能起的作用。

《光明日报》第 90 期"文字改革"发表的《没有代号不行》一文里,举了一个例子,用 12 个拼音字母和一个等号的公式,来代替 468 个字所说明的一条科学规律。不但字数大相悬殊,而且用代号的公式使思路清楚,文字的说明反而使思想混乱。这就表明,代号有简化文字和确切达意的双重作用。

顾名思义,代号就是代替文字来表达思想的一切符号。先来看看它是如何代替的,然后再谈它是如何表达的。

最普通的代号就是表示数量的号码,如同我国来源于"算筹"的筹码记数(六、七、八⋯⋯)、阿拉伯数字(1、2、3⋯⋯)、罗马数字(Ⅰ、Ⅱ、Ⅲ⋯⋯)等等,其作用不但指明数量多少,而且表示次序先后。后来又有了分数、小数和正负等符号。到了现代天文学和物理学里,描述宏观现象和微观现象所需的数目,不是大得无边,就是小无极限。因而就有代替数字的算式代号,如一亿是 100,000,000,就用 10^8 的代号;在 1 的数字后面有多少个 0,就用 10 的多少次方来代替。太阳的质量是 1.982×10^{33} 克,电子的质量是 9.1×10^{-28} 克,这是多么简便。

其次是用文字的代号。如我国古代时,用"枚"代替"一寸的十分之一",即现在的"分"。又如我国历书中,用天干地支来记时,旧算书中用甲、乙、丙等表明已知数,天、地、人等表明未知数。但在所有用拼音文字的国家,用字母为代号,比我国昔时用汉字为代号有许多优点。汉字本身有意义,两字连在一起可能形成一个词,再加字形比较复杂,用它做代号是极不方便的。举一个例,在清代数学家李善兰(1811 ~ 1882 年)的《代微积拾级》一书内,用汉字做代号,列出微分方程如下:

$$\text{禾} \frac{\text{甲}\perp\text{天}}{\text{彳天}} = (\text{甲}\perp\text{天})$$

这比我们现在所用字母的式子 $\int \dfrac{\mathrm{d}x}{a+x} = \ln(a+x) + c$ 该添多少麻烦(见钱宝琮《中国数学史》,第 325 页)。

近代科学发达以后,西方国家所用的字母代号,现已逐渐通行于全世界。最常用的是拉丁字母,其次是希腊字母。但是这两种字母的数目都有限,而科学技术中需要的代号非常之多。有扩大字母功能的办法:一是用各种写法的字母,如大写、小写和草写;二是用各种印刷体的字母,如黑体字、斜体字、扁体字等;三是用几个字母在一起,当做一个符号,其中一个字母的字形较大,作为主体,其余的较小,而且放在这主体字母的上下方作为角注,如 A^b, A_b^c, X_{ij},等等;四是把缩写字当做代号,如对数在拉丁文中为 Logarithmus,就用 log 为代号。

再次是用符号做代号,如加、减、乘、除为 + 、 − 、 × 、 ÷ ,其他例子举不胜举。这里有特别意义的是通过符号来简化字母的代号,形成代号的代号,比如行列式这个符号就可用字母代替:

$$A = \begin{bmatrix} a_{11} & a_{12} & a_{23} \\ a_{21} & a_{22} & a_{23} \\ a_{31} & a_{32} & a_{33} \end{bmatrix} = a_{11}a_{22}a_{33} - a_{11}a_{23}a_{32}$$

$$+ a_{12}a_{23}a_{31} - a_{13}a_{22}a_{31} + a_{13}a_{21}a_{32} - a_{12}a_{21}a_{33}$$

又如把 X 当做沿 X 方向的移动量,那么,X 就是 X 方向的速度,$\frac{\mathrm{d}x}{\mathrm{d}t}\ddot{X}$ 就是 X 方向的加速度 $\frac{\mathrm{d}^2x}{\mathrm{d}t^2}$。

有了代号这个工具，科学技术里的文字就大大简化了。首先是代替名词，如用 m 代替物体的"质量"，用 g 代替"自由落体加速度"。其次是代替术语，如 $t_0 \to t_1$，用箭头表示"从时刻 t_0 到时刻 t_1 的时间的过程"。用字母 K 表示"一根杆件在变形时的弯曲的变化"。再次是代替"数式"，如用 $\nabla^2\phi$ 表示 $\dfrac{\partial^2\phi}{\partial x^2}+\dfrac{\partial^2\phi}{\partial y^2}+\dfrac{\partial^2\phi}{\partial z^2}$。几乎所有的科学规律，不论如何复杂，都可用各种代号列成式子，来代替文字的说明，如上面所举的用 468 个字就说明一条规律的例子。

在用代号时，有一条件和用文字一样，就是要标准化，要大家都用同一代号来表达同一个意义，然而字母和符号总是有限的，而意义无穷，因而这个标准化的要求，只能限于一行一业或一个学科。在不同的学科里，同一代号就不可避免地会表达不同的意义了。代号不能像文字那样要求标准化的绝对化。

代号的另一作用是能够确切地表达思想，以补文字之不足，这好像有点奇怪，难道用很多文字都不能确切表达的思想，反而用一个代号倒能满足要求吗？这其实不奇怪。文字这一工具本来就是笨拙的，对形象来说，它不如电影；对声音来说，它不如唱片。画片不如电影，乐谱（也是用代号）不如唱片，然而还都比文字强。用语言时，我们常说"难以形容"，何况文字的生动活泼，还不如语言。到了要表达复杂细微的思想时，文字就更是左支右绌了。诗词里的所谓"意内言外"，往往就是借口"含蓄"来掩盖文字本身的缺点。然而代号就不是这样，它不仅代替有形的文字，同时还表示无形的思想；不仅定性，而且定量，形成一个文字与思想间的桥梁。如物理学里物体的"质量"这一名词，是很难用文字表达清楚的，但它的代号 m 同时代表数学式子来表示质量的定义，就比质量这两个字所能表达的更加确切了。至于在近代科学如"相对论""量子力学"里，更有许多理论问题，都非文字所能说得清楚，都非用代号的数学式子来表达不可。数学这门科学，就完全建筑在代号的基础上。没有代号，就没有数学（我国数学发源甚早，有过辉煌的历史，但后来逐渐落后于西方，其中原因之一，就是没有一套好的代号）。在所有科学技术中，代号都能起文字所不能起的作用。

我国在颁布《汉语拼音方案》以前，科学技术里所用的代号，一般都是从国外输入的，因为汉字代号极不方便，而旧时注音字母也不适用。这类输入的代号中，拉丁字母最为重要。我国采用的拼音字母，恰巧就是拉丁字母，这对发展我国的科学技术，有极其深远的影响。这也是科学技术工作者全心拥护拼音字母的一个原因。

原载 1965 年 9 月 1 日《光明日报》

《桥梁史话》前言

桥梁是一国文化的表征，我国文化悠久，自古以来建成的桥梁不计其数，其中多有划时代的杰出结构，对人类做出了巨大贡献。这类桥梁都是我国宝贵的民族遗产，有的现在尚继续为人民服务，有的经过加固，仍能发挥作用，有的已随岁月消逝，无遗址可寻。所有它们的修建经过、科学成就、艺术创造等，都有记录成书的价值，用来研究其优良传统，古为今用，并在国际上交流，发扬祖国文化。这就是要为我国劳动人民在历史上的功勋，编写一部《中国桥梁史》。

桥梁史并非流水账，而是生产发展的写照。生产对桥梁提出要求，同时也给它以物质条件。桥梁构造的演变总是和生产发展相适应的，一座桥的兴废更要接受政治、军事、经济、文化等的影响。因而写桥梁不但写它本身，还要写它的背景，这就牵涉到很多复杂问题了。

就是写桥梁本身也不简单，最棘手的是技术资料不足。我国历史文献中，虽然不乏有关桥梁的记载，比如各省各县的地方志中都有当地桥梁的一些资料，在《永乐大典》或《四库全书》里，更可看到不少有关桥梁的诗词歌赋和各种传记的文章，但它们都有一共同特点，就是缺乏关于桥梁的技术资料，更不重视桥工巨匠的辛勤业绩。历史文献中所缺，正是桥梁史中所应补。如何从实地调查及博览群书来补充，是完成桥梁史的一个最大难题。

况且我国古桥的数量，大得惊人，必须就散布在我大好河山中的千千万万桥，选出代表作，不厌其详，加以介绍，来显示我国古桥的全貌。我国古桥的类型特别多，所有近代桥梁中的最主要形式，差不多都有，而且有的还比国外的早得多，应当把这许多丰富多彩的桥梁形式，搜罗得比较齐全，并加以评述。只有这样，才能将古代劳动人民通过建桥工作所进行的各种斗争的成果，垂之久远。

作为一部完整的《中国桥梁史》的前驱，本书用史话的形式，先就一些久负盛名的古桥，从政治、经济、文化、科学、技术和艺术等各方面，予以介绍，并推论其发展演变的过程，然后陆续提出其他具有特点的桥，化整为零，既能让读者先睹为快，又不妨碍全书的系统性，是对编辑史书工作的一个创举。

从《史话》中看来，我国古桥的构造，在科学技术上，有很多成就在世界上为先进，有过辉煌的历史。不但桥梁如此，我国的其他科学技术，在古代"往往远远超过同时代的欧洲，特别是在 15 世纪以前，更是如此"（英国人李约瑟在他所著的《中国科学技术史》序言中语）。鉴古知今，我国人民勤劳勇敢，对今后桥梁事业的发展，是具有充分信心的。

　　正当全国人民响应党中央的号召，向四个现代化大进军的时候，这本书的出版，当不失为鼓舞人心之一助！

1977 年 11 月

爱天与畏天

　　古代帝王都祭天，一来想祝福，二来求赦免，敬天也正是畏天。只有宋朝王安石说过"天命不足畏"。其实，天就属于自然，不了解它，是可畏的；了解它，就是可爱的了。自然界的一切现象都是如此，认识了自然，就可改造自然，爱天就不是畏天。

　　我国历史悠久，成为世界上泱泱大国，一个原因是生产发展，能利用自然，能知天文。因此，我国对于天文学的贡献是很不小的。在公元前7或8世纪时的《书经·尧曲》里，就有关于天文的资料。在阿拉伯人从事观测以前，我国就有全世界最精确的天文观测者，很早就有天文仪器的创造，积累了大量的天文记录。而记录时间之久，也是世界上唯一的。比如日月食、彗星、太阳黑子等完整天象记事，现在世界上的天文学家都要求助于中国。更重要的是我国提出了早期的宇宙无限的概念。这都是我们祖先中的天文爱好者的成就，是中华民族的荣誉。

在西方，天文爱好者不仅发展了近代天文学，而且促进了一切相关的科学技术。现代化的天文学，一日千里。登上月球比爬上地球最高峰还快。人造卫星满天飞。太阳与地球息息相通，辐射出的红外线、紫外线、宇宙线等都可为人类造福。它在一刻钟内发出的能量，可供全球一年的需要。从地球外面可以探测地球内部。地球上的人，逐渐成为宇宙中人了，而天文爱好者更成为其中的先驱者。

预祝《天文爱好者》复刊后日益发展！

原载 1978 年《天文爱好者》第 1 期

漫话圆周率

　　圆周率是个什么东西？少年朋友们大概都知道,它就是一个圆的圆周长度和它的直径长度相比的倍数。不论圆的大小如何,这个倍数都是一样的,因而是一个"常数",也就是一个不变的数,在数学上名为"π"。它是希腊文"周围"的第一个字母。在自然科学里,圆周率 π 这个数值,用途非常之广,同时也是一个非常奇特的数值。在数学里,可以同它相比的,还有两个奇特的数值,一个是"自然对数"的"底",名为"e",另一个是"-1"的平方根 $\sqrt{-1}$,名为"虚数 i",再加上两个数学里最重要的数值,一个是"1",一个是"0",这五个数值联成一个极简单的关系式: $e^{\pi i} + 1 = 0$。可见,数学是多么引人入胜呵!

　　圆周率 π 的数值,该是多少呢? 为了求这个数值,自古以来不知有多少数学家绞尽脑汁,算出了一个比一个更精确的值。起初以为可以算到底，求出 π 的全值。但是算来算去，越算越没有个完，始终到不了底。直到 16 世纪中叶，才有个法国数学家费托，用数学证明 π 是个无尽数，按一定法则，可以无止无休地算下去，不像分数，如 1/3，虽然也无尽，却简单。现在来回溯一下我国和外国的数学家对这圆周率 π 的数值的贡献。

我国在很早的时候，就有"周三径一"之说，即 π = 3，在公元前 100 年的一部《周髀算经》里就有记载。后来慢慢知道，圆周率应当比 3 略大一点，就是说，在整数 3 的后面应当还有小数。到了东汉时，我国天文学家、数学家张衡（公元 78 ~ 139 年）提出了一个很妙的数值，说圆周率等于 10 的平方根，即 π = $\sqrt{10}$ = 3.16。这个数值很简便，容易记得住，就是到了现代，有时也还用到它。这个数值，在将近五百年后，才在印度发现。三国时，魏国的数学家刘徽，在公元 263 年提出一个更准确的圆周率值：π = 157/50 = 3.14，并且发表了他的计算方法，称为"割圆术"，是数学上的一个贡献。在刘徽的前后，还有很多数学家提出了各种不同的圆周率。

最辉煌的成就，要算南齐时祖冲之（公元 429 ~ 500 年）的圆周率值。他用一种方法（叫做"缀术"）得出 π 值在 3.1415926 和 3.1415927 之间，无一字错误，是世界上最早的七位小数精确值。他又提出两个分数值：一个叫"约率"，π =

22/7≈3.14；另一个叫"密率"，π＝355/113≈3.1415929。约率和希腊的阿基米德的圆周率值相同，但密率在欧洲是米切斯于公元 1527 年才发表的，比我国晚了一千多年，这真是祖国的光荣。现在月球背面的一个山谷，就名为"祖冲之"，可见国际上对他的景仰。这个密率很容易记得住，先把三对相连的奇数排成一行，即 113355，然后在当中一分，前面的 113 就是分母，后面的 355 就是分子，如用四位数以下的分数来表达圆周率值，那就不可能得到比"祖率"更准确的了。

15 世纪以后，欧洲科学蓬勃兴起，所谓"方圆学者"（求同一面积的一方一圆）日渐增多，于是圆周率值也越算越精确，大家都以算出 π 的小数位数越多越可贵。最突出的要算德国的卢多夫（公元 1540～1610 年），他竟将 π 值的小数算到 35 位，而且经过其他学者核对，无一字之差。他感到不虚此生，遗嘱将这 35 位值刻在他的墓碑上。有的德国人至今还把圆周率值称为"卢氏值"。

后来，求圆周率的方法日有进步，小数位数增加很快。到公元 1706 年时到达 100 位，1842 年时到达 200 位，1854 年时到达 400 位，最后到 1873 年时竟到达 707 位！算出这个数字的英国数学家山克司，可算在这场圆周率计算的竞赛中得到冠军，因为以后再没有人用手算来和他较量了。山克司用了十五年工夫才算出这 707 位值，但是很可惜，经过后来校对,其中只有 530 位小数是准确的。

在这里,读者一定会问,在有了电子计算机以后,这个圆周率竞赛,该没有什么意义了吧! 诚然,利用电子计算机,π 的小数位数的增长速度,确是惊人! 先是在一天一夜里算出 2048 位,后来在 1967 年有两位法国人,一个叫纪劳德,另一个叫狄姆,竟然把小数位数增加到 50 万位! 如果把这 50 万位小数都在这里报告出来,这本《少年科学》全本都印不完。于是有人想了个折中办法,把这 50 万位的头 100 位和末了的 499991 至 500000 的 10 位,在这里记录下来。

$\pi = 3.14159$ 26535

　　　89793　23846

　　　26433　83279

　　　50288　41971

　　　69399　37510

　　　58209　74944

　　　59230　78164

　　　06286　20899

　　　86280　34825

　　　34211　70679

　　　……

51381　95242

　　请读者看一看并且试一试，能对这许多数字，在脑筋里记牢多少位。我年轻时曾对圆周率问题发生很大兴趣，把前面的 100 位都记住了，到现在还记得住。

原载 1978 年《少年科学》第 1 期

《少年科学》来函

环境保护现代化

解放后,我国人民体质显著提高。在我们老一辈人中,有"八十不稀奇"的壮语。对比起旧中国的遍地病夫,我经常感到这是今天我国人民的莫大幸福。最近我参观了"全国环境保护展览",才知道如果环境保护得更好,使公害大大减少,还可"九十不稀奇"。这就了解到"环境保护"这门科学的极端重要性了。

我是搞桥梁的,但对于"环境"和"保护"这两个名词却并不陌生。造一座桥,总要使它和环境配合得好,来保护大地山河的自然景观。这主要是从艺术着想。但是,同环境配合得再不好,一座桥也不会引起公害,除非桥造得太坏,以致倒塌,那就成为灾难,超出公害的范围了。然而造桥的材料,都是从工厂里生产出来的,在材料的生产过程都可能有一个污染问题。因此,我们造桥者也有责任关心环境保护。

现在工业生产的计划指标，都要规定产品的数量与质量，还应提到的是，对可能引起的公害也应有个限制，因为公害是影响人民健康的一个很重要的问题。生产原来是为人民谋福利的，如有公害的反作用，使得生产的规模越大，公害的影响也越严重。科学与技术原来是为了改造自然的，如果在改造的过程中，不注意环境保护，就会有污染的问题，可算自然界对人类的一种讽刺。但是，人类还是要征服自然的，虽然会有公害的反作用，我们还是有"环境保护"这门科学，来通过各种技术，去消灭它们的。不但消灭，而且把坏事变成好事，把工业中的"三废"改造成为资源，综合利用起来。生产与公害，原是两个对立面，我们使矛盾转化，把它俩统一起来，科学这个武器真是无往而不胜。

"环境保护"是一门新兴的科学，是为了防止和消灭各种生产和有关企业中的公害。这在工业发达国家，也是直到近代才逐步发展起来的。这门科学与其他所有的各门科学比较起来，有许多特点：一是牵连的学科特别多，几乎同所有的学科——数理化天地生——都有关系。二是需要进行试验的规模特别大，需要同进行试验的单位的协作特别广泛。三是与人民群众利害攸关，因而必须结合实际。在资本主义国家，不论是科研单位或生产企业，虽然彼此有往来，有协作，但主要还是各自为政的，对于具有极大社会性的科学，如环境保护,其进展速度是不可能比得上如电子学、激光学等,可以单独地畅所欲为,不受环境的限制的。我们社会主义国家则不然,全国经济发展有统一的计划,科学技术的进程有全国统一的规划,对于像环境保护这门科学,可以全国一盘棋地用集体力量,合作进行,显出社会主义的无比优越性。因此,环境保护这门科学的世界先进水平,是不可能很高的,我们是比较容易赶超的。

在新时期总任务的四个现代化中,每个现代化中都有公害问题,环境保护这门科学要为每个现代化服务。我国宪法已经庄严地规定,要"保护环境和自然资源,防治污染和其他公害"。我国环境保护的科技工作者,在响应党中央关于防治公害的伟大号召的奋斗中,一定能很快地实现环境保护现代化。

原载 1978 年《环境保护》第 5 期

环境科学的普及化

一个人总要身体健康，才能工作，才能为人民服务。如果不幸病了，就要去医院求诊，不但花钱，而且要影响工作。问起得病的原因，当然很多，但其中最主要的一条，是对生活最有关系的环境太不注意，等到身受其害时，可能是太晚了。因此在平时就要对环境特别重视，避免环境的危害。所以我们国家的卫生政策是"以预防为主"。

一个国家，人民的身体健康，也是如此。为了造福人类，保护于人类有益的生物，就要保护环境。所谓保护，就是要消除影响环境的"三废"，如烟气、污水和废渣，而且要把"三废"改造成资源。如何监测"三废"、治理"三废"和利用"三废"，那就是环境科学的任务。环境科学家对于"三废"就像医师对人的疾病一样，以恢复健康为责任。我是搞桥梁的，对环境科学是外行，现在就从外行的角度，来对环境保护说几句话。

环境保护关系到人民的健康，因而保护环境，清除"三废"，人人有责。就像为了预防疾病，过去曾有"除四害"的号召，需要人人努力一样。当然，为了预防疾病而要消除"四害"，那是比较简单的。而为了保护环境，要消除"三废"，那是比较复杂的。既然人人都要受到环境公害的折磨，因此对环境科学总该有些常识，就像对医药卫生应当有些常识一样。这个《环境保护知识》期刊就是介绍这方面常识的。

与人的呼吸有关的烟气，主要来源于煤和油的燃烧。蒸汽机、柴油机和汽车等动力，就是以煤和油为能源的。为什么不能多用些没有烟气的能源呢？如水力、潮汐、风力、地热、太阳能和核能等等。当然，要用这些能源，需要一定水平的科学技术。但是人类的智慧是无穷的，面临烟气这个大敌，只要大家重视，群策群力，积极治理，总可逐渐取得胜利，让人们生活在蔚蓝天空下的无烟世界！

废水和废渣，都与生产的原料和成品有关。而原料的选择和成品的制造，由于科学与技术的发展，都时刻在变化之中。在千变万化的生产过程中，难道非墨守成规不可？大搞综合利用，不是可以变废为宝吗！

环境科学比任何其他自然科学都复杂，而且同各种自然科学都有关系。由于直到本世纪下半期，才有人投入这门科学的研究,所以它还是一门新兴的学科。然而正是这种涉及全人类生存的科学,才是世界上最博大精深的学科。可惜我生得太早,不能以余生来研究它了! 不过我相信,环境污染既是人类自己造成的,人类也必然能用自己的力量与智慧,来认识它、改造它,使"三废"化害为利,造福于人类!

原载 1979 年《环境保护知识》第 1 期

先进的舰船技术

一个国家的舰船技术是否先进,影响到它的政治和人民生活;在经济和文化上,不但关系到国内的兴衰,而且对与国外的各种交流,更有决定性的作用。我国舰船技术,自古以来,在世界上是先进的。早在公元 3 世纪以前的汉代,我国的使节就已从海道前往印度和斯里兰卡。可见那时的船舶已经是够大的了。在公元 7 至 10 世纪的唐代,我国海船就以庞大坚固而著称于世。因而,近年在福建泉州发现的宋代(公元 10 至 13 世纪)木船,长达廿多米,载重 200 吨以上就不足为奇了。据说元代(公元 13 至 14 世纪)时意大利人马可·波罗由陆路来我国定居二十多年后,由海路回去,就是乘我国海船,由我国航海家驾驶的。到了明代(公元 14 世纪)郑和下西洋,七次出海,访问了东南亚及非洲三十多国,比哥伦布发现美洲还早一个多世纪。他乘的"宝船"长达 150 米,舵杆长 11 米,张 12 帆,在当时的世界上,真可称独步了。

我国造船有这样悠久的历史,我们有责任使我们祖先的光荣再现于今日。这就需要我们造船专业工作者及广大工农兵群众响应党中央的号召,向科学技术现代化进军。在这里,科研和科普工作,同等重要。《舰船知识》是舰船领域内科普工作的先驱者,在阶级斗争、生产斗争与科学实验的三大革命运动中,有它重要的使命。我是搞桥梁的,桥梁和舰船都是从此岸到彼岸,以克服河海波涛为任务的。造船与造桥有风雨同舟之雅,我祝贺《舰船知识》在舰船科技知识的传播工作中取得日益重要的新成就!

原载 1979 年《舰船知识》第 1 期

从小得到的启发

去年六一国际儿童节,我在上海少年宫里,少先队员给我戴上了红领巾,我感到很光荣。回想起我自己的童年,我哪能有你们这样幸福呢？我已经 82 岁了。现在就给你们讲几件我的童年小故事,那都是七十年以前的事了！

我小时候住在南京,家中人多,而又比较贫穷,吃饭时我们小孩子不能上桌,只好端碗饭,站在地上吃,大人给什么就吃什么。我小时傻头傻脑,有的大人不喜欢我,不给我好菜吃,甚至和我开玩笑,说我不是茅家人,是从家门口台阶上捡来的一个婴儿长大的。我听了半信半疑。妈妈叫我不要相信,但我还以为妈妈是故意安慰我,于是我就下了个决心,管他姓茅不姓茅,只要我长大能够读书干活就行。但是又想到,如果我真不是茅家的人,我又何必赖在茅家吃饭呢？那时我才六七岁。有一天看见门口站着一个讨饭的,心想,他既能挨家讨饭过活，我何不跟他走呢，于是就和他谈起话来。我家里人看了奇怪，就问我谈什么，我说我想跟他走。大家这才惊慌起来，都认真对我说，那是和我开玩笑的，"千真万确你是茅家人"，我这才放了心。我原来真是茅家人！我至今还记得这个故事，因为它激发了我可以独立的精神。

南京有个风俗，过阴历年时家家玩花灯。我家虽穷，也还有个"走马灯"。那灯里面有一个能转动的小轮子，轮子四周粘上许多彩色的纸人和纸马。轮子底下有蜡烛，蜡烛点着，轮子就会转动起来，纸人纸马的影子射到墙上，就看到转动的人和马了，形成了一种原始的"影戏"。我那时才七八岁，见到这个"影戏"，感到非常有趣，但不知是什么道理。有人对我讲，小轮子里从中心到四周，有许多"叶片"，蜡烛的热气，熏到叶片上，小轮子就会动起来。我再细细地从蜡烛看到叶片，从叶片看到小轮子四周的纸人纸马，叶片受热气一吹，就带动纸人纸马动起来了。我就想，热气如果大点，轮子不是会转得快些吗。于是就在轮子底下多放一支蜡烛，果然那轮子就加倍快地转动起来了。我高兴极了，因为得到一些新的知识，现在看来就是进了科学的门了，也就是开始"爱科学"了。

南京有一条秦淮河，是个名胜古迹，每年端午节，河上有赛龙船的盛会，河上有几座桥，桥上就挤满了人来看。在我八九岁那年的端午节前一天,有几个同学约我去秦淮河看赛龙船,我高兴极了,再三再四地要求妈妈让我去。哪里知道,就在这天晚上,我突然胃痛起来,非常难受,一夜没有睡好。第二天端午节我就没法去了。到了晚上,一位去玩的同学来到我家,劈头一句话就说:"你幸亏没有去,如去的话,可能掉到河里淹死了。"原来他们挤在文德桥上,因为人太多,这桥的栏杆断了还不算,有几块桥面板都坍下了,因而有不少人掉下水去,有一个同学也几乎遇险。我听了大吃一惊,原来桥造得不好,就会出大乱子。那些掉进水里的人呢,如果送了命,应当由造桥的人负责!从此我对造桥就发生了兴趣,它能让千万人过河,当然是好事,但是倘若桥造得不好,引起灾难,那么有桥反而不如无桥了!将来我如造桥,一定不会造得像文德桥!

11 岁那一年,我快小学毕业了,暑假在家,帮着做些家务,不好出去玩耍,偶尔也读书,最爱看小说。也许那时我还长得眉清目秀,不像小时那样傻头傻脑了。一天,有位客人来拜访我二叔,他那时住在我家中,我见有客人来,就去送上一杯茶,不料这位客人见了我大加赞赏,说我将来一定了不起,可以"荣宗耀祖",我听了当然得意。不料我二叔接着说:"他还是个孩子,样样都还不行呢!"这本是句客套话,并非本意,不料我却认真起来,心想:你说我样样都不行,我来"行"

的给你看。从此我就奋发读书，不但不出去玩，除吃三顿饭，每天关在房里不见人。有时一段书看不完，连饭都不吃。家里人以为我和人生气，但又找不出让我生气的人。就这样，在一个暑假中我看了不少书，不但学校课本看得烂熟，还看了不少那时的所谓"新书"。于是思想上大有变化，从此就把古人的一句话"一寸光阴一寸金"牢记心头，一有空闲就看书，成为终身习惯。

我12岁进中学，开始学数学、物理、化学及英文，就没有多少时间学中文了。我祖父是位教育家，又是文学家，怕我的中文不进步，特别对古文不熟悉，就在我这年暑假住在家中时（那时念书我住学校内）教我读古文。他教的方法也很特别。他用毛笔自己写一篇古文，叫我在旁边看着他写，同时记住他写的文字。他要求我尽快地把他写的这篇古文记牢，能够背诵出来。他想不到，每次当他把一篇文章写完时，我立刻就能把全文背诵出来，虽然不免有小错误。就这样，我背诵了几篇古文，如《北山移文》《滕王阁序》《阿房宫赋》之类。一个附带的收获是经过了这段学习，锻炼了我的记忆力。只要集中注意力，不论是文章、数字或者故事，都不难记得住。后来我把数学里的圆周率，记住小数点以下100位，大家都觉得奇怪，其实也不过只是强记的结果。我认为记忆力的好坏，不完全是天生的，主要靠锻炼：一把刀，越磨越快，不磨不用就会生锈了。

　　小朋友们也有自己小时候的故事，并且总有些故事不会忘记的。等到你们长到我的年纪的时候，希望你们也会有些故事，讲给你们下一代的小朋友听。我们的祖国正在等候你们讲你们成年以后的大故事呢！

原载 1979 年《儿童时代》第 2 期

两脚跨过钱塘江

——钱塘江大桥史话

"两脚跨过钱塘江"是杭州旧时谚语,用来讽刺说大话的人。因为自古以来,钱塘江上无桥,如何能用两脚跨过江呢? 又有一句俗语"钱塘江造桥",用来说明一件不可能成功的事,因为钱塘江已是天险,再加钱江潮的汹涌,如何能在这江上造桥呢? 这两句话深入人心,故 1937 年钱塘江桥造成后,被人认为奇迹。却不知更为奇迹的是:在桥造成后,两脚可以跨过钱塘江的时候,桥上已经放入炸药了,所有过桥的行人和车辆,都是在炸药上走过去的!

钱塘江,简称钱江,别名很多,如浙江、浙河、浙江、曲江、之江、广陵江、罗刹江等等。它发源于安徽休宁的鬼溪口,上游名新安江;从建德至桐庐名桐江;再前往富春,名富春江;再前往杭州,才名钱塘江,由此东流入海。因为杭州在秦代名钱唐,唐代因讳国号,易唐为塘。钱塘江在上游的山水暴发时,江水猛涨;在下游的海潮涌入时,波涛险恶;遇到上下水势同时迸发,江水翻腾激荡,势不可当;遇到台风时,江面辽阔,浊浪排空,风波更是凶险。《史记》中载有秦始皇过江的故事:"三十七年十月癸丑,始皇出游……过丹阳,至钱唐。临浙江,水波恶,乃西北二十里从狭中渡。上会稽,祭大禹。"可见钱塘江也是天堑,虽以始皇之尊,也只好绕道而行。

杭州民间还有一个说法:"钱塘江无底。"一条江哪能无"底"呢?原来不是说江底下没有石层,而是说江底石层上面淤积的流沙没有底。这种流沙,极细极轻,不同于一般的泥沙,一遇水冲,即被刷走,不可能有稳定的形状。说是江无底,实际是江底不成形。

因此,修建钱塘江桥,所要克服的自然的障碍,确实是很多的。再加当时面临日本军国主义的侵略,需要把工程抢在战事前面完成,这就更是难上加难了。然而人定胜天,在两年半时间内,我们用了许多方法:为了征服流沙,用了"气压沉箱法"建筑基础和桥墩;为了保证质量,用了"水陆兼顾法";为了争抢时间,用了"上下并进法",全面赶工,一气呵成,终于把桥建成。

所谓"气压沉箱法",即是用一个庞大的钢筋混凝土的箱子,箱底在半空,下为工作室,覆盖在江底,放入高压空气排水,以便在工作室内挖出流沙。所谓"水陆兼顾法",即是除对水上一切工程全盘校核，并对水下基础工程，由工程师进入沉箱工作室，对基础木桩逐一检查。所谓"上下并进法"，即是将基础、桥墩和钢梁三个组成部分同时进行施工。下基础的同时筑桥墩，筑桥墩时造钢梁，基础完成时桥墩也筑好了，两个邻近桥墩筑好时，整个钢梁就可架上去了。

钱塘江桥全长 1453 米，内正桥十六孔计长 1072 米，两岸引桥计共长 381 米。桥分上下两层，下层为铁路，上层为公路。1937 年 9 月 26 日全桥工程就绪，铁路通车，公路面为钢筋混凝土，随后亦跟着竣工。经过试车，证明全桥工程质量合乎规范。以后火车过桥，只要速度不减，同在铁路正线上一样，即是质量无损。

在全桥通车的那个时候，国内的大局是怎样的呢？卢沟桥七七事变已经两个多月，上海八一三抗战也已一个多月。从 8 月 14 日起，敌人飞机已来逐日炸桥，当时尚有一个桥墩、两座钢梁未曾竣工，幸赖上海将士，守土御敌，本桥职工得以日夜抢赶，提前完工。但虽能通车，而仅仅三个月，终于全桥沦陷，令人痛心！

公路面虽与铁路面同时完成，但为预防飞机轰炸，并为保护铁路起见，除在路面上做种种伪装外，一直未向行人和汽车开放，表示公路尚未完成。但是到了 11 月 17 日，公路不得不开放了！

本桥在设计施工时,就曾预感到可能遇到战祸,要做种种准备。一是将正桥十六孔钢梁造得一式一样,如有一孔被炸落水,可将靠岸一孔改成便桥,将钢梁移往代替。二是在靠岸第二个桥墩内预留一个方洞,以备万一紧急时,可放入炸药,自动毁桥。三是将造桥所用各种机器及设备留在当地,以备修桥时使用。

当时,国民党反动派消极抗日,兵败如山倒。1937 年 11 月 16 日,南京军事机关来人,说军事需要,明天就要炸桥,并带来一切炸桥材料和设备。其实那时上海抗日战事,离桥还远,问他何以要这样急迫,他说要彻底破坏这座大桥并不简单,要在桥墩、桥梁的各个要害处,放足炸药,用引线接着岸上的雷管,雷管一发火,炸药就爆炸。若要炸这桥的一个桥墩、五孔钢梁,需用十几吨炸药、一百几十根引线,把这些东西预备好,要十几个钟头,等到命令炸桥时,再来放药接线,如何来得及呢? 因此要提前炸桥,至于需要提前多久,那就很难估计,最怕是炸桥不成,岂不误了大事? 我和他经过反复讨论,最后想出一个两全而冒大险的办法,就是把炸桥工作,分做两步走,先将炸药放好,引线接到雷管,然后停工待命,等到炸桥命令到达时,再使各雷管发火,这样只要两小时就能炸桥了。然而放进炸药,桥上还要行车走人,岂不危险? 当然要有严格管理措施,才能确保安全,这就要靠与桥有关各方面通力合作了。既然把桥造起来了,当然希望它的寿命越长越好,现在眼看它的寿命保不住了,但能多延长些时日,总还是好的,如果大家用造桥的精神来保桥,管理上万分注意,虽放炸药,只要不触动雷管,便可无事。于是忍痛决定了这个分两步走的方法。16 日夜里放炸药,接引线的全部工作通宵赶完。当时在那座桥墩里预留空洞,今天果然用得上,真是不祥之兆!

17 日清晨,以为可以松一口气,不料就在这时,忽然来一紧急任务,原来历年来从杭州过钱塘江,都是靠从三廊庙到西兴的义渡,因受敌机轰炸,渡船减少。16 日这天,轰炸格外厉害,到 17 日清晨,江边有万人待渡而无船,难民愈聚愈多,情势严重,不得已只好顺从各方要求,不顾空袭,将大桥公路开放。于是江边待渡的人,都赶来大桥过江,其数在十万人以上,可算是钱塘江上从未有过的最大规模的"南渡"。所有南渡的人都是"两脚跨过钱塘江"的,可能有人引以为幸,而不知是在炸药上跨过的。从 17 日起,不论是步行的,或坐汽车的,或乘火车的,无一不是在炸药上过江的。这在古今中外的桥梁史上是从未有过的!可以引为自慰的是那时从无一个人因为在炸药上过江而发生任何事故,火车在炸药上风驰电掣而过,也平安无事。

不久我就接到通知,要我同军事机关一起负责炸桥。12

月 21 日,日寇进攻武康,杭州危在旦夕,大桥上南渡行人更多,过桥的铁路机车有三百多辆,客货车有两千多辆。就在这天以前,那些准备修桥用的重型机船设备等,都已沉没到江底,不为敌人所用。

12 月 23 日午后一点钟,炸桥命令到达。三点钟,引线接通雷管,本可立即炸桥,但过江群众潮涌而至,无法下手。五点钟时,隐约见有敌骑,奔走桥头,这才断然禁止行人,开动爆炸器,一声轰然巨响,满天烟雾,这座雄跨钱塘江上的大桥,就此中断!

在大桥工程进行时,有人出了一副对联的上联,征求下联,文为"钱塘江桥,五行缺火"(钱塘江桥四个字的偏旁是:金、土、水、木),想不到这桥的"火"如今也不缺了!

抗日战争胜利后,我负责修桥,于 1947 年 3 月 1 日全桥铁路与公路恢复通车。从此,人们又可以"两脚跨过钱塘江"了!

原载 1979 年《西湖》第 2 期

桥梁远景图[①]

　　少年朋友们,你们都该听过牛郎织女的神话吧,牛郎和织女原是天上的两颗星,据说他俩都是神仙,每年在"天河"上的鹊桥相会一次。这"鹊桥"就是喜鹊搭的一座桥,它们真是杰出的桥梁工程师——你们想想看,这天河该有多宽啊!同时也可见桥梁的重要,虽是神仙,也还需要桥。

　　据说世界上第一座桥(不算那大树倒过河的天然的桥),是猴子造的。那时还没有人,一大群猴子要过河,就由一个先爬上河边的树,然后第二个上去,抱着第一个的腿,第三个再上去,抱着第二个的腿,如此一个一个地上去,一个抱一个,就连接成为一长串的猴子;再由地上的猴子把这一串猴

<hr>

　　① 1962 年 1 月 16 日的《北京晚报》登载了茅以升的《五十年后的桥梁》,对桥梁远景做了生动的描绘,但较为简略,《桥梁远景图》可说是《五十年后的桥梁》的详解版。

子推动得摇摆起来,好像荡秋千一样,这样越荡越远,就把这一长串猴子甩过河,由尾巴上的最后一个猴子,抱住对岸的一棵树,这一长串猴子就形成一座桥,地面上的猴子就可在桥上爬过河了。

人类什么时候开始有桥,很难查考,但是可以肯定,一个民族有了文化就有桥,桥是文化的象征。我们祖国有五千年的文化,就有五千年的造桥历史,其中最突出的是一千三百多年以前造成的赵州桥,位于河北省石家庄附近。这座桥自从造好以后一直到现在还能过车走人,从未中断过,它的外貌就好像是一座现代化的桥梁。当然,我们祖国大地,到处都有桥,有各式各样的桥,有的造桥技术是在世界上领先的。你能设想,假如我们中国不会造桥,我们中华民族能够发展到今天吗?所以我们要感谢我们祖先中的造桥的劳动人民,是他们的智慧和力量使我们今天还能看到无数的古桥,现代车辆还能在那些古桥上通过。

桥是路的"咽喉",没有它就过不了河川,跨不过山谷。比如长江,号称南北"天堑",就因为它过去没有桥,所以在我国历史上造成了几次南北分裂的朝代。但是我国一解放,在中国共产党的领导下,就在这天堑上,先建成武汉长江大桥,接着又建成更宏伟的南京长江大桥。至于在黄河、淮河、珠江等河流上所造成的桥梁就更数不清了。这都显示出社会主义制度的无比优越性。

桥梁的科学技术,在世界上发展很快,可以说,现在已经没有什么不能造的桥了。要说桥长,在美国已经有了一座跨过大湖的桥,共有2217孔,长达38公里。要说桥大,目前在日本正修建一座跨过海峡的桥,一个桥孔就长达1780米。照这样发展下去,将来就有可能在亚洲和北美洲相隔85公里宽的白令海峡上,造起一座桥,人们坐上汽车,就可周游五大洲,不管它什么太平洋、大西洋的阻隔了!

说起来,这并不奇怪。桥是什么?不过是一条板凳。两条腿架着一块板,板上就可承担重量。把这板凳放大,"跨"过一条河,或是一个山谷,那就形成一座桥。在这里,板凳的"腿"就是桥墩,桥墩下面,伸入土中的"脚",就是基础,板凳的板就是桥梁。一座桥就是由这三部分构成的,桥上的车辆行人,靠桥梁承载;桥梁的重量,靠桥墩顶托;桥墩的压力,通过基础,下达土中或石层。然而,桥梁、桥墩和基础这三部分的花样实在多。桥梁架在两头桥墩上,可以是平直的,叫做"梁桥";也可以是向上弯起的,叫做"拱桥";如果在两头桥墩上,竖起两座高塔,塔顶上跨过钢绳,钢绳下面吊起桥身,桥身上走车行人,这就叫做"吊桥"。普通的桥,不过这三种,但每种都有层出不穷的新花样。譬如拱桥里面就有"双曲拱",是我国工人发明的。吊桥里面就有"斜拉桥";更有一种吊桥,不用桥墩,而把整个桥身吊在河边的石山上。所有这些现代化的桥梁,五花八门,谈也谈不尽。人类智慧是无穷的,今天以为新的大桥已经了不起了，可是明天、后天的桥，更是了不起。那时来看今天的桥，也许会感觉到，为什么以前的人，会那样笨呢？

现在就让我来作为幻想家，为将来的桥梁，绘出一幅远景图吧！有人说将来飞机多得不得了，人人都可在天上飞，还要什么火车、汽车，更不需要桥梁了。我想不见得。飞机的速度虽无止境，但地球还只是这么大，而且人口也在增多，将来人们全都坐飞机上了天，挤来挤去，还能飞得快吗？这就不能不发挥陆上交通和水上交通的潜力了，因而桥梁还是少不了的。不过，那时的桥梁就不是今天的样子了。

将来的桥梁一定造得又快又好，像南京长江大桥那样大的桥，几个月就可以完成了。那时所有建桥的材料，都可在工厂里通过自动化，预先制成"标准构件"；造桥时，在水里把它们拼装成为桥墩；在桥墩上把它们架设成为桥梁，一口气作业，几乎是才听说造桥，就看见"一桥飞架"了！

将来的桥一定造得很便宜。现在用的各种合金钢及高强度混凝土会由高分子新材料来代替，重量轻而强度高。桥梁构件的制造，一律自动化。桥墩的水下工程，可用机器人操作，动作灵巧，由人在水上指挥。桥墩基础，不必沉到那么深，在轻松的土质中可以加进凝固剂，把软土变成硬土。架桥时，全用电脑控制各种机具，差不多不需人的劳动力。采用了这些新技术，当然桥的成本就低了。

将来的桥梁一定造得很美。一座桥的轮廓和组成部分，会安排得为大地生色，为江山添娇。桥的"构件"不再是现在的直通通的棍子，而是柔和的，有如花枝一般；它也不是头尾同样粗细，而是全身肥瘦相间的。各个构件都配搭成各种姿态，而且各有不同的色彩，把全桥构成一幅美丽的图画。桥上的人行道上还有小巧玲珑的亭台楼阁，让人们在这长廊中穿过时，"胜似闲庭信步"。

　　将来的桥梁一定造得很低。现在造桥的费用所以大，往往不在桥长而在桥高。因为桥下要走船，如果水高船也高，水涨船高，桥就更要高了。桥一高，两岸的路面也要高起来，高的路面上又要造桥，这种桥的下面是陆地而不是水，名叫"引桥"，引桥的工程往往比水上"正桥"的工程还大。现在有一种"活动桥"，桥面很低，平常走车，等到有船过桥时，就把一个桥孔打开来，等船过去再关上。但是因为桥孔的开关很慢，对于走车过船都不方便，因而这种桥虽然便宜，却用得很少。将来的桥梁，可就大不同了。桥孔可以用极轻的材料如玻璃钢制成，开动桥孔的机器，也比现在的灵活得多，因而开桥、关桥的时间可以大大缩短。而且桥上有自动远距离控制的设备，有船过桥时，它会自动打开桥孔，并且预先对两岸路上的车辆发出信号，让它们知道桥下正在过船。等船一过去，桥孔立刻自动关好，车辆可以很快地过河，这样对于水陆交通两不妨碍。

　　将来一定会有没有水中桥墩的大桥。现在的郑州黄河铁路桥,长约三公里,河中有很多桥墩。但到将来,像这样的长桥,或者更长的桥,如果有需要的话,只要一个桥孔,就可跨过江了。江中没有桥墩,对于过船、过水,当然好得多。这样长跨度的桥,一定也是很高的,最适宜于跨海。

　　将来在很深的水里造桥,不必把桥墩沉到水底,而把桥墩做成空心的箱子,让它浮在水中。桥上无车时,它就浮得高些;桥上有车时,它就浮得低些。这高低当然不能相差过多,以免行车困难。同时,还要把各孔桥梁,从桥的这一头到桥的那一头,牢固地联系在一起,使整个桥梁成为一体,车在上面走,不致颠簸不稳。

　　将来的桥不一定是直通通的,而是可以弯曲的,车子过桥就转个大弯。这是因为桥两头的路都与河身平行,与桥身垂直,如用笔直的桥,桥两头的引桥就不易布置了。现在公园里有"七曲桥""九曲桥"等,一段曲向左,一段曲向右,为的是点缀风景,并非使桥转弯。将来的弯曲桥可就大不同了。问题在于桥孔的长度。每孔桥搭在两头桥墩上,如桥身弯曲过甚,桥墩就支持不住了。可以设想,这种弯曲的桥身,不靠下面桥墩的支持,而靠空中的缆索悬挂,缆索是固定在两岸的山石里的,这个弯曲的桥身,不就可以自由转弯了吗?

　　将来也会有很小很轻便的桥,可以随身携带,遇到小河,随时架起来,就可在上面走过河。这种"袖珍桥"也许是用一种极轻极软、强度又极高的塑料制成极薄的管子,用打气筒打进空气,这管子就成为一根非常坚硬的杆件。用一些这样的塑料杆件预先造成桥的形状,把它们折叠起来,放在身边,如同带雨衣一样,在走到河边时,打打气就架起一座桥,岂不是不用"望洋兴叹"了吗?

将来还会出现"无梁飞渡"。那时的车子装有利用高压空气的浮力设备,在高速度时,车子就会稍微离开地面,不靠地面支持而飞速前进,遇到小河,就能一跃而过。这种长了"翅膀"的车子,越来越多,将来在大河修桥时,只要在水里造几个桥墩,当车子跳上第一个桥墩,由于桥墩的反击,再跳上第二个桥墩,不论河面多宽,多跳几跳,也就跳过去了,这样的"无梁桥",该算是最进步的桥吧!

上面描述的远景图,有的在本世纪内不难实现,有的就要等到 21 世纪再见了。但在我们祖国向四个现代化进军的新的长征途中,一定会建造起无数的新颖大桥,最后更会造起一座古今中外从未有过的特别伟大的桥,那就是通向共产主义的大桥!

原载《科学家谈 21 世纪》第 2 版,1979 年

附录：

五十年后的桥梁

　　一般人都熟悉牛郎织女的故事，他俩一年一度，在"天河"上的"鹊桥"相会。这"鹊桥"就是喜鹊为这对情人搭的一座桥——这个神话说明桥的重要，虽是神仙，也还需要桥。

古老的赵州桥

　　据说世界上的第一座桥，是由一大串猴子一个抱一个的腿那样搭起来的。人类什么时候有桥梁，已很难考证。但在我们中国，至少在一千三百多年以前，造桥的技术就已经超过当时的世界水平了。有看过《小放牛》京剧的，总该听过"赵州桥鲁班爷修"这句唱词吧？代表祖国古代造桥技术的正是这个赵州桥。这桥位于河北省石家庄附近，现在不但依然存在，而且还照样过车走人。这座桥的结构非常巧妙，在世界上是个大发明。但它并不是鲁班爷修的，而是隋朝的一位工人李春设计建造的。

周游世界五大洲

　　桥梁是路的"咽喉"，没有它就过不了河。桥梁在历史上就曾起过不少重大的作用。桥梁科学技术在我国和世界上的发展很快。可以这么说，现在已经没有什么不能修的桥，不能过的大河，而且还可以跨海。不久的将来，如果能在亚洲和北美洲间的白令海峡造座桥——这是完全可能的，就能把世界上除了澳洲和南极洲以外的五大洲，统统用陆路接通起来。到那个时候，坐上汽车就可以周游五大洲了。

像这样高速度发展下去，将来的桥梁，比如说，五十年后的桥梁会变成什么样子呢？

转瞬间一桥飞架

将来的桥梁一定造得非常地快，像武汉长江大桥那样大的桥，恐怕几个月就可以完成了。那时所有建桥的材料，都可以在工厂里预先制成"标准构件"，造桥时，在水里把它们拼装成为桥墩，在桥墩上把它们架设成为桥梁，一口气作业，几乎是刚听说造桥不久，就看见"一桥飞架"了！

将来的桥梁一定造得非常便宜。现在造桥的费用所以大，往往不在桥长而在桥高，桥一高，两岸的路面也要高起来，对于高的路面又要造桥，这种桥的下面是陆地而不是水，名叫"引桥"。而引桥的工程往往比水上的"正桥"还大。

现在有一种活动桥，桥面很低，平常走车，等到有船过桥时，就把一个"桥孔"打开来，等船过去再关上。但是因为桥孔的开关很慢,对于走车过船都不方便,因而这种桥虽然便宜,却用得很少。

新式活动桥

将来的桥梁,可就大不同了。桥孔可以用极轻的材料,如用玻璃钢制成,开动桥孔的机器也比现在的灵活得多,因而开桥、关桥的时间极短,每次不过一分钟。而且桥上有自动远距离控制设备,有船过桥时,它会自动打开桥孔,等船一过去,又立刻自动关好,车辆可以很快地过河,这样对于水陆交通两不妨碍。这种新式的活动桥,比现在的固定桥便宜得多。不要好多年,很快就可以实现。

袖珍桥可随身带

将来还可能有没有桥墩的大桥。江中没有桥墩,对于过船、过水,当然要好得多。将来也会有很小很轻便的桥,可以随身携带,在游山玩水的时候,遇到小河,随时架起来,就可以在上面走过河。这种"袖珍桥"也许是用一种极轻极软、强度又极高的塑料制成极薄的管子,用打气筒打进空气,这管子就成为一根非常坚硬的杆件。用一些这样的塑料杆件,预先造成桥的形状,把它们折叠起来,放在身边,如同带雨衣一样,需要过河时,打打气就架起一座桥。

无桥飞渡

将来还会出现"无桥飞渡"。那时的车子装有利用空气浮力的设备,在高速度时,车子就会稍微离开地面,不靠地面支持而飞速前进,遇到小河,就能一跃而过。这种长了"翅膀"的车子越来越多,将来在大河修桥时,只要在水里造几个桥墩,当车子跳上第一个桥墩,由于桥墩的反击,就跳上第二个桥墩,不论河面多宽,多跳几次,也就跳过去了,这样的"无桥的桥",该算是最先进的桥吧!

原载 1962 年 1 月 16 日《北京晚报》

创新与改造

　　真正想不到，我那篇关于造桥的短文，竟然会得到"新长征优秀科普作品奖"，而且是一等奖，这使我感到非常惭愧，而又十分鼓舞。惭愧，因为那篇短文还有不少缺点，何堪当此荣誉；鼓舞，因为我在那篇短文上，确实费过不少心血。

　　有一段小故事，五年前，有一出版社要我写一篇关于桥梁的科普作品。这使我回忆起 1936 年，我曾将钱塘江上造桥的经过，写了八篇短文，每两星期送上海《科学画报》发表一次，每一篇短文讲一件事，各篇短文，前后衔接。后来将这些短文合编成一小册子，就名为《钱塘江桥》。这是我开始写科普作品的尝试，当时曾获得读者赞许，给我写来好多信，使我认识到科普的重要，同时也使我了解到，要想把科普作品写好，并不是一件简单的事，至少要为读者设身处地，把读者所要知道及所能知道的有关事物，都写进去，不仅是一篇新闻报导,引起好奇心,而且要能启发读者智慧,举一反三。在读完的时候,还觉余味未尽,很想把自己的体会写一点出来做补充,这就是要搭起作者与读者之间的桥梁,来沟通双方的思想。这桥是无形的,对所有科普作品,都会有所要求。

我正在动脑筋写稿的时候,忽然上面说的那个出版社变更计划了,不需要我写有关桥的稿子了。但既然开了头,引起我的兴趣,我倒不愿打退堂鼓,于是仍然把那篇稿子按照计划写完,好像了一心事,虽然不是为了出版,但总算留下一个写作记录。后来还时常想到这篇稿子,于是拿出看一遍,每看一遍时,总做一些修改,有大有小。因为题目不变,内容有个范围,修改的目的,只是为了更好满足读者需要,就是为了上述的"搭桥"。

回忆起来,当时修改,有几个要求:一是要能表达出为读者服务的真诚愿望,爱惜读者的精力和时间;二是要写真实,不夸张,不歪曲,不因文字笨拙而影响事实的真相;三是要能浅出,把复杂问题简单化;四是要能深入,揭露矛盾,发现连锁作用,提出科研新方向;五是要使作品艺术化,摆脱教科书的味道。

还在对那篇旧稿子修改的时候,1979 年,《知识就是力量》复刊了,向我要稿,我就把那篇修改的稿送去,就是那篇登出来的《没有不能造的桥》。我要感谢五年前向我要稿的那家出版社,使我后来有机会写出一篇为四化服务的作品。

　　1936 年《科学画报》登出的《钱塘江桥》,是我对科普作品的尝试;1979 年《知识就是力量》登出的《没有不能造的桥》是我对科普作品的更新改造。创新难,改造更难。

　　　　　　　　　　原载 1981 年 3 月 26 日《人民铁道》

没有不能造的桥

　　路是人走出来的,有了路,就要有桥。哪里有人,哪里就有路,同时哪里也就可能有桥。人是需要桥的,同时人也能造桥。只要有能修的路,就没有不能造的桥。人能移土填海来修路,也能连山跨海来造桥。人们改造自然的雄心壮志,在修路造桥的工作上,也能充分表现出来;不但表现出和自然斗争的集体力量,也表现出了征服自然、改造自然的聪明才智。"一桥飞架南北,天堑变通途"(毛主席词),这便是近代造桥技术的新成就。

　　桥是路的一部分,没有路,当然就没桥;桥不能没有联系的路而孤立存在。桥的存在是为路服务的。既然是为路服务,就要能满足路的要求:第一,所有路上的车辆行人,都要能安全地顺利地在桥上通过。第二,车在桥上走,要能和在路上走一样,不能因为过桥而使行车有所限制,比如减轻载重、降低速度、一车单行等等。第三,路上交通运输,总是天天发展的,路还可以跟着改造、加强,桥就不那么简单,一定要造得比路更为坚固耐久。满足了以上这些要求,桥和路才能成为一体,合为一家。否则那就是"路归路,桥归桥",不能密切合作,共同为陆上运输服务了。

桥和路不但要为陆上运输而合作,它们还要为水上运输而合作。因为过河的桥,下面要走船,水涨船高,不但桥要造得高,而且路也要跟着高。桥在过河的地位上要服从路,路在两岸的高度上,也要迁就桥。桥和路都是越高越难造的,但是为了行船方便,就把困难留给自己。桥和路跟船合作得好,这个困难就解决了。

不论行车或走船,总不要因为过桥而使人感到不适,或是激烈震动,或是骤然改变方向,使桥形成一个"关"。如果车在桥上走如同在路上走一样,船在桥下过如同河上没有桥一样,有桥恍如无桥,这种桥就算是造得真好了。但是,对行人来说,有桥也并非坏事,能在一座桥上走走,饱览河上风光,两岸景色,岂不令人心旷神怡!

从走车、行人的观点看,桥就是一种路。不过这种路不是躺在地上,而是跨过一条河道或是横越一个山谷的。因此,桥是从地上架起来的一条空中的路;路在空中,当然问题就多了。这个空中的路,一般只是跨过一条河,或者越过一个山谷，或者和另一条路立体交叉，它的长度，总是有限的。但如高架铁路或高速公路，因为架在空中，虽名为路，但实际是桥，以桥代路，这桥的长度，就大得可观了。

一座桥所以能成为空中的路，因为它是架在两头的桥墩上的，桥墩必须穿过水和土而立在硬土层或石层上。可见，桥墩是不容易造的，既要下水，又要入土，都是难事。但是，架在两桥墩上的桥，即是空中的路，也不是简单的。桥愈长愈难造。在设计桥梁时，有一个简单原则，那便是：如果桥梁的造价能够等于桥墩的造价，这个设计就是最经济的了。

再有一个设计上的问题，如果有一条路要过河或跨山谷，是要桥的位置服从路的线路，还是路的线路服从桥的位置，这也是个经济问题，包括投资与时间。

桥梁的设计与施工，有一个重大的特点，即不但要求经济，而且要绝对保证安全。假如一座造成的桥，因为承载车辆过重，或者行车速度太快，或者洪水、地震、台风等等影响，以致桥身断裂，坠入河中，则对生命财产的损失，无法弥补！这比起其他很多工程，如果失败，只浪费财产而不影响生命来说，更是大不相同。

桥，不论它的长度多大，都不足以显示它的技术优点。足以显示桥的技术优点的是桥的"跨度"，就是一座桥架在两头支座之间的架空长度。一座桥就像一条板凳，板凳两条腿之间的架空长度就叫做跨度。几条板凳,头尾相连,就构成一座长桥。板凳虽多,它的强度仍只是决定于一个板凳的长度。

板凳就是一座梁桥的简单模型。板凳的板,好像是桥的"梁";板凳的腿,好像是桥的"墩";板凳的脚立在地上,就好像墩是建筑在"基础"上。"梁""墩"和"基础",构成一座梁桥的三大部分。每一部分都有各种不同的形式,构成不同类型的桥。

"梁"是承托铁路或公路路面的建筑物,是直接承受桥上车辆行人荷载的(重量和振动)。最简单的梁,是几座既平且直的"板梁",架在两头桥墩上。这种板梁的跨度不可能太大,要加大跨度,就要把桥梁的板改成各种结构来承担荷载。所谓"结构"就是用许多杆件拼成的一种梁。比用平直的梁更为经济的办法,是把梁拱起来,让它向上弯成"拱"。在拱的下面或上面安装路面,这就形成一座"拱桥"。更经济的办法是用缆索跨过两岸上立起来的高塔,把缆索的两头锚定在土石中,然后从缆索上悬挂起路面,就像一根绳子上吊起洗的衣服一样。这种桥叫做"吊桥"。梁桥、拱桥和吊桥,是桥梁的三种基本类型,我国几千年来就造过无数的这三种桥。

福建泉州的洛阳桥是宋代(公元 1059 年)建成的石板梁桥,总长 834 米,有 47 孔,每孔跨度 16 米左右,用长条石块,架在桥墩上做路面,桥墩下的筏形基础设计,比外国的早八百年。河北赵县的赵州桥是隋代(公元605年左右)建成的石拱桥,只有一孔,跨度长达37.4米,建成至今虽已一千三百多年,但它的雄姿依然不减当年,堪称世界上最古老的石拱桥。四川泸定县的泸定桥是清代(公元1706年)建成的铁索吊桥,跨度103米,是1935年我英雄红军长征路上强渡大渡河的革命纪念地。以上三座桥是我国古桥中三种基本类型的代表作。其他名桥,不计其数。

我国自从有了铁路,就有了新式的钢桥和钢筋混凝土桥,桥的结构也有了多种形式。解放前,滔滔长江,没有一座桥;滚滚黄河,上面也只有三座桥。解放后,我国桥梁建设日新月异,长江上先后有了武汉、南京等铁路公路联合大桥,黄河上造了二十几座桥。其他大小河流上的铁路、公路桥,遍布国内。它们的形式和古桥一样,基本上仍是这三种,即梁桥、拱桥和吊桥。但每种都有创新,如武汉、南京长江大桥都是三孔钢梁首尾连成一联的"三联连续桥"。此外还有许多钢筋混凝土拱桥造成"双曲拱"的形式。所有这些新结构的目的都是为了节约材料并增加安全度,其方法是控制材料的变形,不使超出限外。

板凳的板上站了人,板就要向下微微弯曲,这时板的下面就要被拉长,上面就要被压短(这可以用简单实验来证明）。但板的材料（木、石或其他）都是抵抗变形的（这是所有材料的特性）。抵抗被拉长时，就有抗拉应力；抵抗被压短时，就有抗压应力。比如石料，抗压强度大大超过抗拉强度，因此如果把梁做成拱形，在担负荷载时，这拱就要被压短了（也可试试看），引起材料的抗压应力，而这正是由石料的抗压强度来决定的。同时，拱不大可能被拉长，这就避免了材料的弱点。所以"拱"比平直的"梁"更经济。同样的道理，一条绳子只能被拉长而不可能被压短，如用钢缆把桥的路面吊起，就能充分发挥材料的抗拉强度，同"拱"能充分发挥石料的抗压强度一样。但钢的强度比石料大得多，所以吊桥跨度可以比拱桥跨度大得多。

一座桥的形式，决定于所用的材料和材料做成的结构，要加大跨度，就要充分发挥材料的强度，而克服它的弱点。

桥墩是桥梁的支柱，桥上车辆的重量和振动影响，都要通过桥梁而达到桥墩，再加上桥梁和桥墩本身的重量以及桥上风力、桥下水力等等，桥墩的负担，可就不轻了。不但如此，桥墩这个支柱，有一部分是在水里的（越过山谷的桥墩，有时也有小部分在水中），而水是很难对付的。因此，建筑桥墩的材料，既要有强度，还要能抗水。当桥梁在承载过程中变形时，桥墩也跟着变形，不过这个变形主要是压缩，因此桥墩的材料必须要有强大的抗压强度，但它的结构形式却比较简单,重要的是:桥墩要"立"得牢,桥梁才能"坐"得稳;要桥墩立得牢,就要有坚强的"基础"。

桥梁基础是把全桥上的重量和一切振动影响传达到地下的一个结构。它是桥墩的"脚跟",是全桥和地下联系的一个关键。因此,它必须建筑在石层或坚硬土层上面。当它在受到桥墩向下压迫的作用时,除了自己压缩变形以外,还会使下面的土石层变形,基础、桥墩以至整座桥梁都会跟着慢慢移动。这种移动,名为"沉陷"。这对桥梁是非常重要的,任何桥都有沉陷,但要控制在一定范围以内,并使它平均分布,以免桥墩倾斜。

基础的类型也很多,最简单的方式是水中"打桩"——把"桩"打到石层或坚硬土层上,然后在桩上造起桥墩。在水深的地方,可以采用"沉井""沉箱"或"管柱",就是把预制的"井""箱"或"管柱"沉到石层或坚硬土层上,再在它们里面或上面筑桥"墩"。南京长江大桥,水下石层深达 37 米,是世界上罕见的深水基础,曾经用了多种方法,才将桥墩建造成功。

桥同路要合作,桥本身的梁、墩和基础三部分更要密切合作。首先,每部分以及各部分接头处,都不能有薄弱环节。其次,各部分要配合得当,彼此协作,来发挥每个角落的最大强度。再次,全桥的强度要分布均匀,薄弱环节固然不好,一处过分坚强,形成浪费,也不需要。一座桥是由许多部件组成的,每个部件的强度与它的变形有关,而变形是可以测定的。凡是变形较大的地方都是薄弱环节。在一座桥的设计和施工中,都应当使这座桥在车辆走动、载重增加时,处处只有最小的变形。从全桥和各部件变形的大小,就能看出这桥的技术水平。桥梁技术的发展,就是要以争取全桥整体的和局部的最小变形为方向。但是无论设计施工如何完善,总有估计不到的因素,桥在建成后也会遇到不测的袭击,如地震,这就要依靠桥的本身潜力来抵抗了。原来在任何建筑物中,按照自然法则,在必要时,较强的部分都会适当地帮助较弱的部分,自动调剂。也就是说,各部分的变形如果忽然过多或过少,它们会互相调剂,均衡力量,使全桥变形仍然达到最小的限度。只有在这个变形超出"安全度"的时候,建筑物才会遭到破坏。这个建筑物的自动调节性能,就叫做"整体性",对于它的安全是很重要的。充分发挥整体性的作用,也是桥梁新技术的一个极其重要的目标。

桥梁技术中有许多新的成就,这些新成就,帮助我们多快好省地把桥建成。所谓好,就是这座桥在任何情况下,将会有最可能小的变形和最可能大的整体性。

作为新技术的例子,现在来谈一个"装配式预应力混凝土"的结构。混凝土是由水泥、沙子和小石块,在加水后搅拌,浇灌到模板中,经过凝结而成的建筑材料。它的优点是抗压强度大,弱点是抗拉强度小。为了克服它的弱点,抵抗被拉长,就放进钢筋,成为"钢筋混凝土",因为钢的抗拉强度大。然而,就是这样,钢筋混凝土的强度,还是抗拉不够,为了进一步加大它的抗拉强度,就把钢筋在混凝土凝结之前预先拉长一下,然后让钢筋和它周围的混凝土一同缩短,这样钢筋就恢复了原来的长度,并把混凝土压紧,产生抗压强度。这个预先被压紧的混凝土,在受到载重时,就能抵抗更多的拉长,也就是增加了它的抗拉强度。这个增加出来的抗拉强度是由于它预先有了压缩,有了抗压应力,所以叫做"预应力混凝土"。用这种预应力混凝土,在工厂中预先制成结构中的部件,然后运往建桥工地,把各部件装配成形,这就成为"装配式预应力混凝土结构"。这种结构可以用在较大跨度的桥梁上,是一种现代化的技术,我国正在普遍推广。

以前,一般大跨度的桥梁,都是采用钢结构的。但现在,很多桥梁已经用预应力混凝土来代替了。不过对于特大跨度的桥梁,还是非用钢不可,有时还要用高强度的合金钢。比如建造一座跨海的桥梁,每孔跨度长达几公里,那就非用钢索吊桥不可。将来会有更新的建筑材料出现,如不脆的玻璃钢、合成的塑料和高分子聚合物等等,同时也将有更新式的结构来利用这些材料。由于这些材料的强度高而重量小,那时桥梁的一孔跨度和水下基础深度就会大得惊人。现在世界上最大跨度的桥,是英国的恒比尔公路吊桥,跨度 1405 米;建造中的日本的明石海峡公路铁路两用吊桥,跨度 1780 米。水下基础最深的桥是葡萄牙的塔古斯河桥,基础在水下 79 米。

最后,再谈一个极其重要的桥梁建设问题,那就是"造桥工业化"的问题。造桥是一个非常复杂的技术问题。要从大量的地形、地质、水文和气候等资料中,根据交通运输的需要,做出设计,然后一面在水下建筑基础和桥墩,一面在工厂制造桥梁,最后再把桥梁安装在桥墩上。如果有大量的造桥工程亟待进行,就必须有一整套工业化的措施,这样才能做到多快好省。这套措施有三方面:第一,设计标准化。对跨度相同、一般条件相同的桥梁,预先做出标准设计,根据需要,按照各种条件的系列(即等级层次),做出整套的标准设计。第二,料材工厂化。不论是石料、钢材或各种混凝土,都在工厂中,按照设计预先制成部件,然后运往工地,装配成所需的结构。第三,施工机械化。造桥时要跟自然界各种不同因素作战,比如风浪中测量、深水下建筑、高空中吊装等等,这都不是单纯的体力劳动所能及的,必须使用各式各样的机械才能成功。这样的"三化",是桥梁技术现代化的新方向。

桥梁技术的成就是无穷无尽的,因为桥梁工程中的困难是没有底的。桥是人造的，人有了社会主义觉悟，勤学苦练，发挥了主观能动性，就不怕任何困难。有人就有桥，世界上没有不能造的桥！

原载 1981 年 3 月 26 日《人民铁道报》

没有不能造的桥

图算如下棋，可以启发智慧

广州图尺算学会于 1982 年 3 月 30 日召开首届年会及特殊算具观摩交流会，在我国图算学历史上为一创举，我首先表示衷心的祝贺！

图算是一种计算技术。其以形象代替数字，从形象的变化来显示数字的增减，把计算过程当做艺术表演，做一次计算图，就如同下一盘棋，可以启发思想。

我在大学读书时，就爱好计算尺，想了一个办法来增加精确度。后来去美国留学时，这个办法得到发明专利权，但未找到工厂制造。后来接触到诺谟图，发生极大兴趣。曾在唐山交大开过一门"诺谟图"的课，课毕时提出一个问题，征求同学们答案："如何将一个经纬图（Cartesian Coordinates）转变为诺谟图？"如有可能，则任何公式，均可先画出经纬图，然后转变成诺谟图，则诺谟图的作用，即可大大推广。这个问题,始终未有答案。

我对一般计算尺的一个根本缺点,始终未能忘怀。这便是从头到尾的精确度不能一致。如在真数 1 至 2 之间的精确度,为 9 至 10 之间的精确度的几倍。这个问题在直线对数尺上,是无法解决的。在"文化大革命"的十年中,我对计算尺的有关的一些问题,如对数表的简化和计算工具的多样化等,做了一些研究。特别是对工具的精确度问题,有了新的收获。这便是用圆弧 a 代表对数值,利用 $a = R\theta$ 公式,以半径 R 的长短,来调节对数角 θ 的大小,以求前后精确度的一致。根据这个意见,做成的计算盘也是图算的一例。

自从电子计算机问世以来,其应用范围,日新月异。不但在数学方面,而且也在制图方面,即是说电子计算机也可绘出诺谟图。虽然如此,电子计算机在一般计算方面,并非无敌的。如在加减算法上,即不如我国算盘。在诺谟图上也可能不如经纬图。再加上电子计算机不可避免的缺点,如(1)答数是否正确,需另加检验;(2)需电源;(3)修理困难;(4)价钱贵,等等,可见它并不能消灭图数,时至今日,图数仍有为它提倡宣传的价值,这就是我们这次会议的动机。现在,除广州有图尺算学会外,天津有图算学会。为了加强力量,扩大影响,我建议成立全国性的图算学会,使图算技术再一次在我国各条战线上得到推广,特别是在教育战线上,得到重视和宣传，以便对四化建设中的计算工作，做出我们应有的贡献。

原载 1982 年《科学世界》第 4 期

计算尺的图形化

计算尺上的刻线，指明一个真数的对数值，就是从这个真数的刻线，则尺上零点的长度，等于这个真数的对数值。如果在一根尺的两边都刻上线，在这一边刻的线，是按十进法，刻出个位、十位、百位、千位等的数值，所有数值，都在刻线上标明，成为"本值刻线"；在另一边，对照本值，把本值当做对数，刻出这对数的真数，也标明真数的个位、十位、百位、千位等的数值，成为"对数刻线"，这刻线的本值是对数，但标出的数字是真数。这个"对数刻线"就是计算尺。对数值的位数越多，计算尺越长。普通计算尺不外乎 25 厘米与 15 厘米两种（实际长度当然有参差），只能刻出两三位对数，所标明的真数值，也只能达到两三位。因此，一般计算尺，只能做出两三位真数的运算，在科技工作上，很不够用。如要增加计算尺的准确性，就要加大计算尺的长度。如果要做四五位真数的运算,计算尺就要 20 米长,做五六位运算,就要百米长,做六七位运算,就要千米长,而六位运算并非很稀罕的事。遇到四位以上的运算,现在都用手摇计算机,不可能人手一台,而且携带不便。如果计算尺能改进到代替计算机的地步,这对科技工作,不是一种贡献吗? 当然,用一本对数表,这问题也可解决,然而对数表究竟不如计算尺便捷,改进的计算尺应当比对数表更为适用。

改进计算尺的方法就是把计算尺图形化。计算尺的"对数刻线",是一根"线",要它准确,只能在长度上发展,因而越长越不适用。但是,如果把一根很长的线,分成很多段,把各段按次序上下排列起来,这就使"对数刻线"不在长度上发展,而在刻线的数量上发展,使对数的数值不在一根"线"的"点"上标明,而在一个"面"内的一个"点"上标明,这就大大增加计算尺的准确性了。比如四五位运算的计算尺需要廿米长,今把这廿米长的对数刻线,分成 100 段,每段长 20 厘米,按序从上到下排列起来,成为一个长方形的图,在图上用直线尺上下移动,尺上有"游标"左右移动,"游标"在刻线上所定之点,标明长方形图内一个点的对数值,这就把这廿米长的计算尺图形化为一个长 50 厘米、宽 20 厘米的长方形的图了,这个长方形图就是"甲式尺算图"。

上述长 50 厘米、宽 20 厘米的长方形图是为四五位真数的运算用的,如要扩大准确性,把四五位提高到五六位,那么,如不扩大长方形的尺寸,就要增加图的数量到 10 张;如要提高到六七位,就要增加到 100 张,这又不切合实际了。在这时需要另一方法,来使计算尺图形化。

上述图形之所以成为长方,由于将"对数刻线"割断时,系按刻线长度的同一本值分开,如上述长方图,系按每段 20 厘米长度,头尾摆平所构成。如在分割"对数刻线"时,不按本值长度,而改按真数的对数长度,比如为了六位运算,把第一段长度定为真数 101 的对数,43214,第二段长度为真数 102 的对数减真数 101 的对数,即 42788,第三段长度为 103 的对数减 102 的对数,即 42310,以此类推,以至第 999 最后一段的长度为 log1000 – log999 为 4345,将这 999 段按长度排列,左端齐平,则各段的右端,成一曲线,再将每一段割线,按该段真数的下一位、二位、三位的对数标出,将上下多段标出的这些对数值,按序连接起来,那么,每一位的对数值又构成一曲线,999 段的多点对数值就构成一个曲线网,这就形成计算尺的另一个形式的图形化,名为"乙式尺算图"。

上述曲线网上所标出的对数,为真数第四、五、六位的对数,其第一、二、三位的数值,即割线分段的数值,亦即从 100 到 999,故这曲线网即是六位对数表的图形化。按照上述四位用的长方形图的尺寸,只要六张图即可足用。在"甲式尺算图"需要 100 张图时,在"乙式尺算图"只要六张图即可代替,这是一个大发明。

为什么"乙式尺算图"可以这样大大节省图纸呢?原因在于对数里所含的一个规律。从上述曲线网可见,曲线弯度的变化,除在真数 100 到 200 的一段对数外,是不大的,因而左轴上真数 100 至 999 的多格横线的间隔可以缩至很小程度,比如二毫米即可;但在"甲式尺算图"里,这个横线间隔不能太小,如太小则无法写出真数的数字,实际上最少要三个毫米以上,因而"乙式"的左轴总长度,只及"甲式"左轴总长度的三分之二,这就省去三分之一的图纸了。至于每格横线的长度,在"甲式"是上下相等的,在"乙式"是上面长、下面短的,但这 999 根横线的总长度,在甲乙两式都是一样的,因为它们都是从同一根"对数刻线"分成 999 段的,不过"甲式"的各段长度相等,而"乙式"的多为长度不齐而已。

"甲式"与"乙式"的左方竖轴都分成 999 格,标明 001 至 999 的数值,在"甲式"为真数,在"乙式"为对数。至于在两式中真数第四、五、六位的对数值,则均从多格的横线上读出或量出,但有一重要区别,在"甲式",这些对数值是从图左轴线为起点而量出的,但在"乙式",这些对数值,亦即曲线与横线的交点处,是从图上标出的"起标点(如 31701)量起的"。这是由于在"甲式"中,每格横线的起点都是对数的整数,即从 001 到 999，而在"乙式"中，这个起点是真数的整数，因而它的对数就有零头。为了使起点的对数也是整数，故"乙式"中横线，都从"起标点"量起，"起标点"上所注的数字即是对数的前三位，曲线上量出的数字是对数的后三位。如果这后三位的对数也从左竖轴量起，则左竖轴处所标真数（001 至 999）的对数，不是头三位整数而带有后三位的零头在内，用起来就麻烦了。

在使用两种"尺算图"时，都是用带有"游标"的直线尺量出每格横线上的对数，然后利用对数来运算，乘法相加、除法相减等等，加减时可利用直线尺上的"游标"。在普通计算尺运算时只要抽滑尺、动游标，但在"尺算图"，则需上下移动直线尺，并在尺上移动"游标"。由于"游标"作用，运算时不需读出直线尺所量出的数值。

由于"尺算图"上横线都是"对数刻线"，故"甲式""乙式"尺算图都是对数表的图形化，可在图上读出对数值。

为什么一个又扁又长的建筑物
——桥,能够很稳固呢

一座跨越河流、山谷的桥梁,就是架在空中的一条道路,它的用途是把两头的道路连接起来。因此,对车辆交通来说,桥应当发挥和路一样的作用,不因过桥而减轻车辆的载重或速度。这样,桥就可当做路的一部分,既不能比路弱,也不必比路强。桥上路面的宽度,和两岸道路宽度相等,就够用了,不必太宽。但是,一座桥的长度和高度,是由地理条件来决定的,如果它的宽度较小,和长度及高度不成比例,那么,这座桥就形成一个又扁又长的建筑物,好像不如一般房屋建筑四平八稳了。这就需要把整个桥梁结构和支持桥梁的桥墩很好地联系在一起,使它们形成一体,发挥整体作用。

有个很好的条件,不论火车或汽车过桥时,它们都是一直向前走,而不是向左右冲撞的。凡是骑自行车的人,都有这种经验:车跑得快时,它不会倒,愈快愈稳。这是由于车向前的惯力克服了它左右摇摆的倾向。桥上车辆在急驶时的情况也一样。尽管桥是很长很高的,如果桥梁和桥墩的强度足以抵抗车辆在行动时向下和向前的动力,那么它们所受车辆左右倾倒的影响是不存在的。但是,从左右两旁冲向桥梁和桥墩的动力,还有吹向桥梁和桥上车辆的风力以及流向桥墩的水力来看,这类动力是有把整座桥推向一边倒的趋势的。因此,不论桥的长短高矮,都要有横贯桥身的支撑结构,来加强抵抗左右摆动的稳定性。桥墩总是上小下大的,桥梁也有时做成上狭下宽,都是为了这个缘故。

可见,桥和房屋建筑一样,总是要造得四平八稳的。

科学属于人民

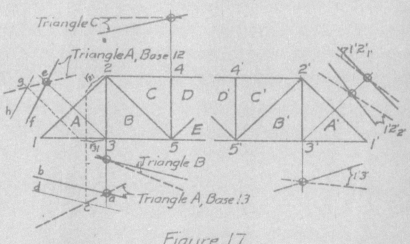

Figure 17

人怎样逐渐地变成了巨人[①]

大卫·狄慈著《科学的故事》(David Dietz: *Story of Science*),1932 年在伦敦出版。那时我在天津,偶见一位政治学的教授,把这部书看得津津有味、爱不释手。他对我说:"我们'外行'看了这本书之后,可以充内行了。"他的话开始引起了我的注意。后来我也买一本来把它细读了一遍,果然连我这半瓶醋的内行,也聪明了许多。因此我很想把这部书翻译出来,岂不是对一般的外行都很有用吗?恰巧当时我的儿子于越课余有暇,便由他自告奋勇,在短短的一年半期间,译成了这本《科学的故事》。我深知翻译是件难以讨好的事情,而且最易使内行看笑话,因此在于越译成之后,由我邀请王聘彦、熊正玴、余权、罗元谦、黄克细诸位先生,把全部译文对原

---

① 本文是《科学的故事》中译本的序言。

书审核几次，最后再由我自己在百忙之中，一字不遗地校阅了一遍，这才把它送到上海中国科学图书仪器公司出版。可是我还不敢说它是译得铢两悉称，如有错误之处希请专家和读者们多多指教！

为什么一般的外行也要学习些自然科学呢？这是因为自然科学对于人生的关系实在太大了。这里所谓外行大致可分为三类：一是对科学根本不懂，认为它是高不可攀，不敢问津；二是在中小学校里虽然读过些科学，却自认为自己没有什么"科学脑筋"的，尤其是出了校门之后，便把它抛弃了；三是在学校里读了科学，出校后也想继续学习科学，但在谋生活的过程里，却无法留恋它，偶尔看到科学文库，又格格不入了，便不知不觉地把它越来越疏远了。

近年来由于种种影响，外行人都感觉到科学的重要，所谓科学书报，也渐渐有了销路，在这风气转变的当儿，为了加浓他们对自然科学的兴趣，使他们更加相信自然科学的威力，最有效的方法，无过于使他们对科学有个完整的认识和"一贯的了解"，而这方法就是要讲"故事"，讲"科学的故事"。

讲故事不是说新闻谈学理，更非记流水账，这其中的巧妙，是要请教文学家、艺术家或戏剧家，才能领略的。须知科学的内容本是世间最优美的故事，不过头绪很纷繁，义理很深奥，很难做到把他们讲得娓娓动听。这本书的作者，却能举重若轻,讲得头头是道,从宇宙讲到电子,从开鸿蒙讲到30年代科学发展的状况,有条有理地给读者一个全盘知识,不把全书看完,竟不会相信他能有如此的成功,因此而值得介绍了。

这本书处处忠实地来讲科学的"故事",读者倘若要急于欣赏的话,请先看该书第三十一章。

听完了一段故事,会给你一种回味。我看完这本书时,觉得人类在宇宙中所占的空间、时间如此短促,然而人类在奋斗的过程中间,却把整个宇宙逐渐征服了,显出自己特别伟大!因此,所谓科学的故事,不就是一部人类的奋斗史吗?学习这部《科学的故事》,也将有助于人们看到人怎样逐渐地变成了巨人。

1937 年 7 月 21 日

科学属于人民

——参加政协的感想

在中国破天荒的这个政协大会里,我第一次参加全国性的政治性会议,第一次和全国各界聚首一堂讨论政治,感觉到无比的兴奋和荣幸。兴奋的是见到全国人民大团结,荣幸的是在这个大团结里,我作为代表,参加了新中国诞生的大典!

新中国的诞生,是由于全国人民大团结(这其间政协做了助产士)。以后新中国的生长、壮大,更需要人民团结来保育和培植。因此我们必须研究如何方能巩固人民的团结,如何方能加强人民的团结。我是个自然科学工作者,从这个岗位来看,我们应当有如何的认识,来发挥我们的力量,在全国统一战线里表现出来,是一个迫切需要解答的问题。

我的答案是:我们应当努力做到"科学属于人民"!

人民有了科学,在思想上便知道追求真理、方向,在物质上便能增加生产,提高生活,在行动上便有组织、纪律、活跃、坚强,这些都是团结群众的重要因素。必须是有了科学的人民,方能紧密地团结,持久地团结,发挥出团结的力量。

然而中国人民的科学水准,实在太低了,要靠我们这些少数的科学工作者,只凭直接的服务,来使全国人民都能有了科学,如何能办到? 因此我们只可做一种"工作母机",必须产生出无数的"工作机",来普遍地服务,这问题方能解决。甚或将所有的人民,都变成科学家。那时的科学,便真的为人民所有了。这并不是梦话,科学上有许多伟大成就,是平凡人民的贡献。人民不是无科学脑筋,只要给他们机会,他们是一样可以懂得科学,研究科学,去为科学服务的。

现在提议一个方案。

(1)解放教育,使全国人民都能得到科学上的基本训练。过去的教育制度——尤其是高等教育——是为少数特殊阶级而设的;对于全人民的教育服务,既未顾及,当然谈不到为全人民的科学服务。今后要使全国人民科学化,首先应求全国教育的解放。我们要联合教育工作者,拟订教育革新的方案,使得科学化的计划得以实现。

(2)在各地筹设各种规模的科学中心,内有图书馆、演讲所、博物馆、实验室、模型场等,经常地举行各种科目、各种程度的演讲、广播、电影、展览、竞赛等活动,使人民得到基本训练以后,在不妨碍其生产工作的条件下,有逐日进修的机会。

(3)所有工农生产组织内,一律设增进技能、灌输科学的讲习班,要使整个组织在它日常的生产工作里,得到科学上的各种训练,从全体效率的提高测验每人科学的进度。

这个方案实行以后,我们便可逐年地见到科学是真的为人民服务了,为人民所有了。而同时,人民竟然可为科学服务了,就是从人民的创造发明,来加速科学的进步!世间最好的东西,是从最大多数里面显出来的,而不是从少数的好东西里面拣选出来的。在少数的好东西里面,选来选去,不能超出那好的范围,但在绝大多数里面,那最好的是可脱颖而出的。过去的教育家,常常辩论"质"与"量"的问题,往往多数主张重质不重量。但量如不大,质从何来?必是从极大的量里面,方能遇到最好的质。科学上的重大发明和创造,都是很多的个别研究的人群里面偶尔一个人捉住一个机会,将它发挥出来。这个发明创造的人,不一定是天才,而且纵然是天才,也和天上飞机一样,是先从地上起飞的。因此在科学化了的人民里,只要给他们研究的机会和方便,千千万万的人,每人一日二十四小时,总可有惊人的发现、伟大的创造,为科学写历史,为科学谋进步,这便叫人民为科学服务。

必须是科学为人民服务,人民为科学服务,这才叫"科学属于人民"!必须是科学属于人民,我们科学工作者才完成了最庄严的任务——巩固人民团结,并加强人民团结,来建设新中国!

原载 1949 年 12 月 1 日《科学通讯》第 6 期

科技与实际结合问题

科技工作者要将自身做成"工作母机"，
在人民群众里造成无数的"工作机"

科技本来是最实际的事，为何它们同实际的结合会成为问题呢？科学里还可说有所谓纯粹科学家，不食人间烟火，难道技术专家里，也有造空中楼阁的吗？然而这些情况，在过去竟然是有的，而且相当普遍，因此这种结合成了问题。

科技与实际脱节现象，表现在哪几方面呢？首先是在人民生活的物质方面。如衣食住行的需要，无一不是随科技的进步而进步的。我们人民生活艰苦，原因虽多，其中科技力量用得不够重，当然要负部分的责任。如去年的水灾、旱灾、风灾、虫灾大大地影响了衣食住行，其中便因有许多科技问题未得适当解决的缘故。等到老百姓破除了靠天吃饭的思想，我们便完成了一个极大的任务。

其次是表现在人民生活的精神方面,如卫生常识、生产技能、科学教育、思想领域等等,无一不受科技所造环境的支配。人民在科学空气里生活,在技术世界中工作,他们的文化水平便能自然地提高。我们一般人民的文化停滞不前,是否科技工作者也应担负部分的责任呢?

人民生活是最实际的现象,科技能解决生活问题,便是联系了实际。然而我们有将近五亿的人口,而科技工作者现时最多不及人口的几千分之一,这仅仅几千分之一的力量,如何能普遍地深入地为这庞大的人群服务呢?最主要而有效的方法,便是我们科技工作者要将自身做成"工作母机",然后在人民群众里造出无数的"工作机",去向更广大的群众做科技普及工作,使得科技真正地为人民服务。

我们"科代",要组织一个科技普及协会,草拟了任务,其中一项是"宣扬劳动人民的创造发明"。这里所谓劳动人民,不仅是指我们科技工作者,而是更着重地指我们全体劳动人民,也就是工农大众。它们的教育得到解放,便能研究科技,便能有创造发明,便能成为人民科学家,便能为科学服务。

必须是科学为人民服务,科学同实际结合,科学才能真正属于人民。

原载 1950 年 8 月 22 日《光明日报》

科学研究工作是创造性的劳动

我们铁道研究所是解放后才成立的,至今已有四年的历史。在这四年中,由于党和政府的重视,研究所得到不断发展;不论在设备或干部方面,都是逐年扩充,形成了今天这样一个初具规模的铁路科学综合性的研究机构。然而我们的工作成绩,距离铁路运输的要求,实在是太远了,简直和我们的规模不相称。四年来,我们所内工作人员虽很努力工作,而仍然落后于现场,落后于实际的要求。我们经过四年的摸索,走过不少弯路,最后在中国科学院访苏代表团传达报告的启示下,才开始走上科学研究的正轨。然而一旦走上正轨,我们又感觉十分惶恐了,我们这才了解到本身条件的不足。如果我们的政治理论和业务水平不能很快提高,那么,虽然轨是正了,又如何能走得很稳很快呢?

首先,回忆一下我们所走过的弯路。

在工作方向方面,其初是比较着重为交通大学的教学服务,其后逐渐转变到主要地为铁路现场服务;在工作性质方面,其初是以试验化验为主,其后逐渐转变到以研究为主;在工作目的方面,其初是抽象而广泛的,其后逐渐转变到具体而明确;在工作方法方面,其初是个人单干,多少凭兴趣出发,不甚调查已有资料,其后逐渐转变到集体合作,联系现场,尽量参考已有的文献;在工作制度方面,其初是无甚约束的,其后逐渐转变到计划化。然而所有这些转变都还不是最基本的,最基本的转变,是在思想方面。第一,认识到马克思列宁主义为一切科学理论最主要的基础,为进行科学研究的唯一指针,离开这指针,科学研究便无从发展。第二,认识到学习先进科学技术的必要性。第三,由于上面的认识,才觉悟到自己的科学理论中还受着很重的资产阶级思想意识的束缚,必须在思想上求得彻底解放,才能在科学研究上有信心地前进。

我们之所以走了许多弯路,主要是由于不明确科学研究的任务,特别是在过渡时期的任务。什么是科学研究呢?如何为人民服务呢?我们除了知道这些资本主义国家为谋取更大利润而进行的所谓专利式的研究和旧中国在半殖民地里所谓学院式的研究外,对于社会主义性质的科学研究是非常模糊的。研究机构是成立了,大家工作热情都很高,然而做了什么呢？乱抓一阵，当然走了弯路，也就是走了不少错误的道路。

我个人曾有一种粗浅想法，比拟医药卫生，来说明各种类型研究所的任务。第一类是属于检查病源的，如同试验化验工作，来鉴定材料的性质或检查生产技术上的问题。工作性质较为单纯而且多半是被动的。然而遇到复杂病源，检查也不简单，试验就成了研究。第二类是属于治疗的，就是遇到任何问题，能为之迅速解决。这类研究所就好像医院，要对病人（技术问题）进行检查诊断，开方医治。在处理一般病症时，工作也不是困难的，甚至是机械式服务的，然而遇有疑难急症，就是严重考验了。第三类是属于预防和营养保健的，就是在发病以前，估计到可能发生的问题而预做处置，并提倡营养，保障健康。这类研究所的工作多半是主动的，而且需要较高的理论水平。第四类是属于研究生理病理药理的，供给前三类工作的理论基础，成为研究所的中心领导机构。因为服务的对象不同，这几类的研究所就各有所属，比如各种工厂矿山可有试验所（第一类），各生产企业部门可有专业研究所（第二类和第三类），各高等学校可有专门研究所（第三类和第四类），而全国科学中心的科学院更有各种基本科学的研究所（第四类）。我们铁道研究所在成立时是属于第一类的，现在才进入第二类，将来必须兼为第三类。以上四类研究所,当然很难严格划分,它们都是密切联系着的,形成生产、教育和研究的三位一体。它们有一共同任务,就是像医药卫生机关一样,都是为了保护和发展一切生产技术的健康。只要我们认识到,对于保证人民健康的事业在社会主义国家里是得到了如何的重视和发展,我们就可以据此理解到社会主义性质的科学研究所,在国家工业化时期中该有如何重大的任务。无论何种研究所,工作都是多种多样的,而且也都不简单,特别是其中最主要的研究工作。比如第一类的特别化验方法,第二类的疑难问题,第三类的特殊预防,第四类的高深理论,都需要经过一定的过程,才能很好解决,而且还需要高度积极性的努力才能完成任务。这个过程是什么?创造性的劳动。努力是为了什么?主动性的服务。

研究是创造性的劳动,凡无创造性的劳动,就不是研究工作。然而怎样才算是创造呢?比如我们铁道研究所做出来的超声波探伤器、电阻应变仪、碱性炉的球墨铸铁、解放后的第一架测量经纬仪等等,在国外,甚至有的在国内,都有过的,算不算是研究工作呢?我们的解释是只要是经过自己独创的劳动而成功的,只要不是抄袭别人的,不论是理论或是操作方法或是制成品,都是研究工作。可能由于我们囿于耳目,研究成功以后,才发现它和别人已有的一样,然而如果这样的研究能为国家节省大量财富,这个研究还是有它一定的价值。我们所争的,不在这研究是否原始,而在这研究结果对当前生产的作用。研究工作多了,其中当然也必有原始性的了。

　　所谓创造性的劳动,包含有下列意义:既是劳动,就不应仅限于书本的推敲,而应不辞奔走,联系现场,搜集资料,并在工作中亲自操作,用本身实践来验证所推断的理论;既是创造,就不应墨守成规或单纯地模仿,而应针对面临的问题,寻求最完善的解决途径。有了创造,还须继续劳动,更从劳动中来求新的创造,将创造与劳动结合为一体,才成为创造性的劳动。这样,研究工作便要求下列条件:一是集体合作,分工互助。劳动当然需要人多才能增强力量,而创造更一定要靠群众智慧才能充实丰富科学的内容,这样进行研究工作时,也必须发扬民主,开展批评,加强团结,以达到集体的成就。二是理论与实践相结合。劳动是实践,创造必需理论,因此理论与实践必须融会贯通,劳动才有创造性,研究工作才能免于教条主义或经验主义的片面性。三是联系现场交流经验。任何技术问题即从现场发生,而其所以成问题,必是现场无法解决,因而必须充分了解现场情况,充分利用研究机构的人力物力,才能将问题分析清楚,各个击破。四是解决问题要有整体观念。现场问题多,解决要有先后,研究所条件不够,必须全力以赴,因此在提出专题制定计划时,不论现场或研究机构,都应从国家整体利益出发,才能提高劳动效能,集中创造智慧。五是不断地提高理论水平。必须从辩证唯物观点出发,认真地学习先进,运用批评武器,来树立正确的思想方法,将现有的理论水平不断提高,来丰富劳动的内容,扩大创造的效果。以上这些,都需要我们好好学习。

研究工作是主动性的服务,创造是主动努力的结果。研究专题来自现场,从研究机构言,好像也是被动服务,然而在解决问题时,如何解决得好,必须要有主动性、积极性。同一问题,可能有各种解法,研究的责任,是要求得最好的解法。同属创造性的劳动,然而可有不同的效果,研究的责任,是要求得最大的效果。因此,凡属单纯被动性的工作、敷衍塞责的服务,都非研究。研究人员必须要有高度的责任感,热爱祖国建设,全心全意地为人民服务,才能加强集体研究的力量,才能充分进行创造性劳动,获得研究成果。

在党的总路线的照耀下,我们全国人民动员一切力量来为建设我国成为一个伟大的社会主义国家而斗争的时候,我们研究人员的力量是极其重要的。这个力量不只表现在科学技术水平的提高,而更为重要的,有现实意义的,是在五年计划建设中在累积国家的财富、加强增产节约的效果等方面贡献出力量,同时与全国劳动人民中的先进工作者,协同前进,互相呼应。在伟大国家建设事业中,广大人民中经常不断地涌现出合理化建议和创造发明，我们研究人员有责任向劳模们学习，同他们总结经验，在理论上互助提高。我们研究机构，更应向他们开门，将一切物资设备于必要时供给他们使用，帮助他们研究。好像开放厨房一样，让会烧菜的都来烧，群众中必然有胜过炊事员的。研究工作即是创造性的劳动，劳动的面愈广，多中取精，创造价值就愈高。在普及基础上的提高，所能提的高度，必然与普及的广度成比例。科学是为人民服务的，人民有着不竭的智慧和力量来丰富科学，推动科学前进。等到人民都能有科学时，全国力量之大，何可估计！将这样大的力量动员起来，我们国家的过渡时期，当然就可大大缩短了。在这里，科学研究人员和科学教育工作者一样，都有广大的服务天地。让我们科学研究人员，在我们伟大的社会主义建设中满怀信心地来从事创造性的劳动和主动性的服务吧！

原载 1954 年 3 月 16 日《光明日报》

把科学技术知识普及到群众中去

中央文化部电影局和中华全国科学技术普及协会联合举办的"科学教育影片展览",已在首都开幕,并将在全国各大城市陆续举行。我国自己摄制的 13 部科学教育影片,将在展览期间放映。这是我国教育史上,同时也是电影史上的一个创举。在我们国家进行伟大的社会主义建设的初期,就能利用电影这样有力的宣传工具,向广大群众进行有关科学和技术的普及教育,提高群众的科学和技术水平,使科学更好地为建设服务,实在是一件值得庆贺的事情。

在这次展览的影片中,有解释自然现象的,如《日食与月食》;有介绍工农业生产先进经验的,如《郝建秀工作法》《怎样丰产棉花》等;有介绍体育和卫生知识的,如《无痛分娩》等。通过这些影片,群众将扩大在科学技术上的眼界,学习到一些先进的生产经验,增长不少科学知识。

　　我们劳动人民由于过去长期受压迫和受剥削的结果,一般的科学技术水平是不高的,目前我国建设事业的迅速发展,促使群众对于学习科学技术的要求异常迫切。但经常化、系统化的各项正规科学教育,目前尚不能很迅速广泛地展开,因而就需要多种多样的形式,将科学技术普及到群众当中去。在现有的一切宣传形式中,电影是最群众化的、最有力的工具。它可以把切合实际需要、适合一般群众水平的科学内容,通俗易懂地用活的形象显现在银幕上,并能在较短时间内,以最经济的方法,对较多的群众进行教育。这种"形象化的通俗演讲"的形式,是很为列宁所重视的。这种影片在苏联已有极高的成效。在我国,则仅仅是开始。这次展览的科学教育影片,在教育意义上,已能初步达到普及科学知识的要求,我们希望得到群众的批评,逐步加以改善。

　　在实现国家过渡时期总路线中,科学和技术的普及教育是具有特殊重要意义的。我们要实现社会主义工业化,就要建立新的工业基地,要改革旧有的技术装备,创造适合我们工业发展需要的新的技术装备。我们要改造农业,就需要有先进的耕作方法。所有这一切都需要我们有高度的科学和技术水平。我们必须有高度的技术基础,社会主义建设才能加速完成。我们不但要求技术人员和科学工作者都要提高水平,而且要使广大群众的技术水平都能不断地提高。高度的技术是以普及的科学为基础的,因而科学和技术的普及教育,成为培养群众的高度技术不可缺少的手段。在群众已经建立了初步技术基础的时候,提高的要求就更为迫切。在经常的全国性的爱国主义劳动生产竞赛中,不断地涌现出劳动模范和先进工作者,他们的创造发明更是日新月异。这一切都说明,在我们生产建设中,加强劳动强度的初级竞赛运动,已经逐渐发展到劳动与技术相结合的高级竞赛,因而群众学习科学技术的热情是很高的。

我们科学工作者对于群众迫切要求学习科学的热情,是愿意贡献出最大的力量的。我们应该充分利用电影这种工具,把一般科学知识和科学研究的成果送到群众中去。我们要和电影工作者密切合作,出产更多更好的科学教育片,并通过各种普及活动,使新中国的科学工作成为群众性的事业。只有这样,才能把科学理论和群众经验结合起来,把科学研究和生产工作结合起来。

科学教育影片是群众智慧和科学理论相结合的记录。群众在学习了这些教育片以后,必然会得到新的启示,不但能推广已有的先进经验,而且由于从影片得到启发,又能创造新的经验,将技术提高一步。科学工作者也可从影片里看到科学技术在实际生活中的发展,从而在理论上有所提高。通过这样相互的启发作用,科学教育影片就逐渐成为建立高度技术基础的有力助手。科学教育影片在祖国社会主义建设的伟大事业里，是有其极广阔的发展前途的。因此，我们科学工作者要更好地运用科学教育影片，来开展科学普及工作，发扬群众智慧，为早日完成祖国的社会主义建设而奋斗！

原载 1954 年 4 月 17 日《人民日报》

科学教育电影与科学普及工作

电影是表现形象的一种艺术,科学电影是科学家的探讨精神和艺术家的真诚想象的结晶品。它的表现方法有几个特点正和科学教育所要求的相一致,因而成为宣传科学最有力的工具。

首先,科学所欲了解的大自然,是个动态发展着的世界,因而就不是静的画面所能表现的。自然界的运动形式千变万化,有的很快,有的很慢,凡是肉眼所不能完全看得清楚的形态,电影都能很真实地拍摄进去,并且能用适合肉眼需要的速度放映出来。比如植物的生长是很慢的,但在电影里,一粒种子就可在短时间内生根发芽开花结果了。又如机器的转动是很快的,而在电影里,就可将速度降低,因而能看出其中极细微的过程。这样,就可利用电影的动的性质,来说明一切科学的道理。其次,科学的对象是实物以及实物间的联系规律,这些实物的内外真相,必须要用形象立体化的方法才能全盘地表现出来。电影是活动的,而且有光线明暗的衬托,还可将实物放大或缩小,或对某一特点强调指出,使人看了有置身其中的现实感觉,留下生动而又深刻的印象,这对了解科学道理,有很大的帮助。不但如此,有时纵然在真实事物的面前,也不能看得很清楚,而在电影里反能利用各种拍摄的技术,使看不见的能看得见,而不需要看见的就看不到,以免分散注意力,更是电影独具的优点。

以上就形象化方面来说,电影对宣传教育,已经有极大作用;但还不止此,电影还能配音,还能在显示形象的同时,用语言和音乐将形象所不能表达的,有关思想内容方面的,一并表达出来,这便使电影真能成为形象化的演讲了。这种演讲,通过影片的复制,能够重复而不失真地经常出现。而且电影拷贝携带方便,成本低廉,因而能和广大群众见面。像这样形象化的演讲,应用到科学普及工作,它的宣传力量是无穷无尽的。因此,科学教育电影在苏联有了广泛的发展。

科学教育电影是人民迫切需要的,它是个最方便最可信赖的科学讲座。广大群众在这里可以学习到各种先进经验来提高生产技术,可以认识到自然界一切现象来培养对科学的热爱,还可看到祖国的资源、建设、文化遗产、科学发明,因而加强了爱国主义的教育。像这样的电影教育，如能结合实际，经常地广泛地推广到群众中去，使科学技术能在群众中逐渐生根，对于国家建设和人民生活是有极大作用的。

在我们国家进行社会主义工业化的总任务里，我们要建立新的工业基地，要改革旧有的技术装备；要扩大生产、提高品质、降低成本、保障安全来继续不断地累积资金。这就需要推广先进经验，发挥潜在力量来提高生产技术，增强技术力量。有了高度的技术基础，社会主义建设才能完成。但高度的技术是以普及的科学为基础的，在这里科学工作者和广大群众的合作就有重大的意义。群众是富有学习科学的热情的，除了正规的技术训练而外，最需要的就是普及教育；群众是常有合理化建议和创造发明的，也切盼能有科学工作者的帮助，在科学理论上予以分析和总结，使技术更提高一步。这些都是科学工作者最好的服务园地。科学普及工作不但对人民尽了力量，而且在向群众学习中，在了解了广大群众的建议和发明以后，必然会得到新的启示，开辟新的研究道路。通过群众智慧和科学理论的结合，生产经验和研究工作的结合，科学工作才能成为群众的事业，因而建立国家的高度的技术基础。高度技术保证了国家的社会主义工业化，而国家的大规模建设也繁荣了科学。

科学教育电影是科学工作者与群众合作的一种记录，同时也是反映群众智慧,发扬群众智慧的利器。摄制这种影片在中国才刚开始,还待摸索经验,逐步改进。随着我们国家经济的发展,随着劳动人民学习热情的增长,科学电影的需要是日益迫切的。今后如何生产更多更好的影片来满足群众的要求,这是科学工作者与摄制部门共同担负的光荣而艰巨的责任。希望我们科学工作者广泛地热情地参加这个工作,扩展我们普及科学的活动。让我们祖国的科学教育电影,为我们伟大的社会主义建设更好地服务吧!

原载 1954 年 4 月 18 日《光明日报》

五年来新建铁路基本情况

　　在全国解放初期,铁道部门的主要任务是迅速恢复在战争期间被破坏的铁路,以满足恢复国民经济时期的运输需要。在 1950 年初这个任务已基本完成了,国内主要干线如京汉、津浦、陇海等线路均已先后修复通车,此后铁道部门施工力量便从已通车的线路上抽出转移到新建线路上去,由于党正确的领导,各地方政府和全国人民热烈的支援以及铁路职工的努力,截至 1954 年底,新建铁路共已通车约三千公里,估计今后尚可铺轨约九百多公里,各处主要路线情况如后。

　　在西南方面,完成了成渝铁路并正在修筑宝成铁路。成渝铁路是四川人民四十多年来付出了不少代价而未修成的铁路,从清政府至国民党政府先后都借着修路的名义来剥削人民而未曾铺过一寸铁轨。解放后由于党和政府正确的领导,沿线人民热烈的支援,出动了十万民工来参加筑路工作,就地供应了枕木和钢轨,在施工中吸取了苏联先进经验,采取了填土打夯方法使新筑路堤在短期内可以进行铺轨,使工程得以顺利进行,1953年"七一"通车至成都。这不但促使四川省国民经济日益繁荣,而且在施工过程中培养了大量干部,为修筑宝鸡至成都线打下基础。

宝成线全长678公里,北接陇海线,南接成渝线,它使西南和全国各地区联结起来,是开发西南的重要条件。全线工程艰巨,跨越秦岭山脉并先后横渡嘉陵江12次,尤其是在北段杨家湾至秦岭长约28公里间三绕秦岭,隧道总长达16公里半,工程艰巨集中。现在全线分三段施工,本年内南段可铺轨至界阳以北的徐家坪(距成都约470公里),北段至杨家湾。由于苏联专家介绍了大爆破方法,使大量土石工程可以迅速完成。今年9月27日在青石崖车站施行大爆破,一次用炸药三百多吨,把整座大山搬了家,因而减少高桥一座,缩短工期五个月。按目前进展情况估计,明年可全线通车。

在西北地区,改善了宝天线,完成了天兰线和修筑兰新线及兰银线。宝鸡至天水线长约154公里,是在国民党政府时修筑的,由于对地质情况考察不够,加以建筑标准低,工程质量差,因此造成塌方多,通车时间少,闭塞时间多,影响了运输,严重地阻碍了前方铁路的修筑。因此,在修筑天兰线的同时,就对宝天线进行改善,在施工期间对技术人员进行了思想改造,废除了包商制度,建立了民主管理的工程队,大大地提高了工人的主人翁态度,发挥了群众的智慧,不仅保证了宝天线的基本改善,使兰州天水线全长354公里提前于1953年"十一"通车,而且为各新建铁路工程积累了建立工程队的经验。由于建队工作的成功,在施工过程中培养了施工力量,在天兰线通车后不但有足够的施工力量响应毛主席继续修筑兰新线的号召,而且能够抽调力量来修筑集二线。兰新线是我国横贯东西的大动脉,将来经过乌鲁木齐,与苏联阿拉木图铁路接轨后将成为我国与苏联的国际交通干线。该线于1952年开工,1953年底铺轨至海拔3000公尺①之乌鞘岭并集中大量机械进行冬季作业,推行小型的机械化施工。乌鞘岭隧道工程由于推行了小型机械化施工,使工期提前了两个月,降低成本8%。1954年铺轨到达武威以西约47公里之九坝(距兰州约350公里),自今年8月中旬起以铺轨机进行铺轨,一方面可减少工人劳动,同时加速了铺轨进展,估计今年底可铺轨至距兰州647公里之许三湾,明年可通车至我国油都玉门,为我国工业化提供了必要的条件。包兰线是内蒙古的包头到甘肃的兰州,它连接内蒙古和西北两大工业区,现在兰州至银川段已重点开工,跨越黄河的大桥正在

---

① 公尺:米。

筑造中。

在内蒙古与华北地区修筑了集二线和丰沙线。集二线是从京包线集宁车站起至中蒙边界的二连浩特,全长337公里,将来接通乌兰巴托后,就把我国和蒙古人民共和国及苏联联结起来,在国际交通上有很大的意义。自集宁至土牧尔台一段约108公里大部系丘陵区,在土牧尔台以北跨越阴山余脉并经过沙漠及草原地带,气候不良,风沙很大,每年施工期短,加以沿线人烟稀少,水源困难,一切给养及工程材料均由外运,因此在施工中尽量采用机械化,桥梁工程则先制成成品,再现场安装,以减少沿线施工劳力人数。计自1953年5月动工到1954年12月中先按我国标准轨距铺轨到二连以便运送材料供应建筑未完工程,现全线工程已基本完成,于10月按苏联轨距扩宽,准备与蒙古人民共和国铁路接轨通车。丰沙线的修筑主要是提高京包线运输量。京包线系我国有名工程师詹天佑先生所设计修筑,其中自南口至康庄一段工程艰苦,修筑时因限于物力,为节省建筑费用,最大坡度达33‰,其运输量远不能满足现在的要求。因此在1953年秋,我们开始修筑丰沙线,自北京附近的丰台起沿永定河穿过太行山脉的崇山峻岭,绕过了我国目前最大的人工湖官厅水库,抵达京包线的沙城,总长虽仅106公里,但工程之艰巨居全国已完成铁路的首位。其隧道总延长占线路长度四分之一,横跨水流湍急的永定河八次。日本帝国主义侵华时曾企图修通这条铁路以达到经济掠夺的目的,但整整花了四年的时间仅完成20%的工程,因质量低劣,到我们施工时坍塌很多。这条铁路是由中国人民解放军部队和民工配合铁路职工修筑的,在今年七一接轨通车,现在每列车的运输量比原来经过南口与康庄间的路线提高三倍。将来来自莫斯科—乌兰巴托的物资都经集宁经过这条线路到北京,比经满洲里到北京约近一千一百多公里。

在华南地区完成了来睦铁路和黎湛铁路。来睦铁路自广西省之来宾至睦南关,全长419公里,自来宾至凭祥约403公里在1951年已修通,凭祥至睦南关一段亦已于1954年12月修通并与越南人民共和国接轨,经此北京河内间火车可以直达。黎湛铁路自广西黎塘至广东省湛江,全长317公里,由援朝归国的铁道兵修筑,已于1954年七一通车。这条线路修通后使海南岛物资和对外贸易商品都可由湛江港口通过这条铁路运到国内各地。

在华东地区正在修筑蓝烟线、萧甬线和鹰厦线。蓝烟线自胶济铁路蓝村至烟台,全长185公里;萧甬线自浙江萧山至宁波,全长141公里,均在1953年开工,今年内可通车。鹰厦线自江西浙赣线鹰潭至福建厦门,现在由铁道兵施工中。这几条铁路的修成不但对发展山东、浙江、江西和福建等省的经济有重大作用,而且对巩固我国沿海国防也有重大意义。

此外,为保证我国基本建设木材的供应,在东北大小兴安岭地区修筑了森林铁路线,截至 1954 年年底已完成约 200公里,现仍继续修筑中。在这些地区大都是原始森林,人烟稀少且气候严寒,地下有永久冻土层存在,施工困难。由于苏联专家介绍了永久冻土层施工经验和冬季作业措施,不但使我们在建筑森林线中克服了困难,而且为关内新建铁路冬季施工积累了经验。

五年来,在修建这些新铁路过程中,遭遇到不少的困难,但由于苏联专家热情无私的帮助,介绍了苏联先进经验,同时数年来职工觉悟性提高,积极钻研和创造,陆续克服了施工中的困难,而且逐步提高了工程质量,降低了工程造价;推行了计划管理,逐步提高了劳动生产率,这不但保证了以往五年来新路的成就,而且为今后积累了经验。虽然目前存在缺点尚多,但我们有信心逐步克服,为超额完成第一个五年计划而奋斗。

1955 年

大力开展科学技术普及工作

——在吉林省科普分会筹委会成立大会上的讲话

　　科学普及工作,今天对大家来说已不是一个生疏的名词了。我们全国科普协会已有 28 个分会、104 个支会和地区小组,有 32984 名会员。根据不完全统计(缺四个分会的数字),在 1954 年内做过一万多次讲演,举办过六百多次展览,受益者 700 万人。此外,还出版资料八百五十多种,发行 600 万册。这在中国历史上是从来没有过的,对于国家生产建设和人民群众的文化提高已经起了不小的作用。这都是在党和政府的领导下,全体会员努力的结果。然而,我们的工作比起国家和人民对我们的要求来说,那是相差太远了。我们国家现在正在过渡时期,我们任务的完成和科学普及工作是分不开的。因为我们的总任务要依靠劳动人民自觉地完成,人民是历史的真正创造者,我们要加速建设社会主义的建成,就要增强劳动人民的力量,而知识就是增强人民力量的一个伟大工具。我们国家现正大力发展高等教育、中等教育、技术教育以及各种业余教育。然而正规教育的发展相对于广大劳动人民要求的增长总是跟不上的。在各种教育以外，必须更有社会性的大规模的知识普及工作来配合，才能满足人民的迫切要求。从社会主义工业化来说，这是要建筑在高度的技术基础上的，要求宣传科学知识新成就和技术先进经验以不断提高劳动生产率。从社会主义改造来说，要宣传科学以破除迷信，清除资本主义思想，不断地提高人民的政治觉悟。同时我们科学工作者，也需要联系群众，吸取智慧、学习经验来提高自己的政治与业务水平。而从事科学普及工作，正是提高自己的一个最好的机会。由于这样，科学家与群众结合、科学与生产结合的要求就更加必要了。因此，科学普及工作在中国今天和将来，都是有其极光荣的任务的。

我们协会成立以来，虽然有了些成绩，在摸索过程中逐步克服了不少缺点，但由于总会的领导很不健全，我们经验很不够，在思想认识上以及工作方法上都还是很模糊的。我这里谈几点意见。

（1）提高宣传质量。质量是根本问题，质量中首先是政治性，必须要贯彻党和政府的方针政策。其次是思想性及科学性，在思想性上要从辩证唯物主义观点出发，在科学性上不可在科学道理上犯错误。

（2）依靠会员积极性。要发动广大会员参加工作，并把会员积极性调动起来，按学科成立学组，发挥会员的集体作用。

（3）组织上加强常委会领导，常委会的成员应包括各学科中的代表人物。常委会要加强对各种学科宣传的具体领导。

（4）常委会或筹委会必须依靠党委的领导和支持，要求党政经常的领导和帮助。

（5）常委会或筹委会的主要任务是领导宣传工作，事务领导是次要的。因而需要建立适当的宣传组织，如学习组，以便在常委会或筹委会直接领导下负责宣传工作。

（6）在协会工作中还要和工会、青年团取得密切合作，通过合作使我们了解群众的要求和意见，来改进工作。

（7）要和科联各学会合作，扩大宣传队伍。

（8）工作要有计划性，要经常检查。

同志们，我们现在处在一个伟大的时代，在政治上我们和平民主阵营力量日益加强，人类进步取得了从来未有过的速度，科学进入了原子能时代，生产建设将有前所未有的飞速发展。我们国家正在第一个五年计划最紧张的第三年，在这样重要的年代，我们能参加科学普及工作贡献出我们的力量实是无上光荣。我们面临着许多重要任务:要完成我们的生产建设,要加强保卫和平,要加紧进行思想改造,清除唯心主义思想,树立辩证唯物主义思想。科学普及工作和思想改造一样,是这些任务中不可缺少的一部分,而不是额外负担。让我们大家努力,加强团结,坚定信心,做好科学普及工作。祝大会成功!

1955 年 4 月 25 日,原载 1955 年 10 月 25 日《吉林科普》

科学研究工作必须联系实际

　　科学研究工作怎样联系实际，这是一个急需解决的问题。对于这个问题，我愿就铁道研究所的情况加以论述，供大家参考。

　　铁道运输是个庞大的企业，是完成国家运输的主要力量。在我们第一个五年计划中，国家对铁路的基本建设投资超过除工业外的任何其他部门。

　　中国铁路已有八十多年历史。但在解放以前，它是为帝国主义侵略服务的，不可能对国民经济发挥它应有的作用。解放后，经过恢复扩建，它和祖国的其他事业一样，有了完全崭新的面貌。我国铁路运输周转量，预计在 1957 年的一年内，货物将要达到一千二百多亿吨公里，旅客将要达到三百一十九亿多人公里。拿那年铁路长度两万八千多公里来说，这样巨大的负荷量在世界上是少见的。然而我国铁路的基础原是非常薄弱的,不但工具落后,而且标准规格异常混乱,虽经近几年的改进,但要担负这样巨大的运输量,仍然是十分困难的,必须大力加强和改造现有铁路的技术装备,才能做到。在这加强和改造的过程中,所遇到的技术问题必然很多,都需要通过科学研究来解决,这就是我们铁道研究所的任务。

铁道研究所成立于 1950 年 3 月,迄今已进行了一百几十个专题研究并为铁道部和现场做了不少技术工作。其中有若干项研究工作已经对铁路现场起了较大作用。至于较有成绩的专题,为数亦不在少。这些工作的目的都是为了提高铁道运输量或降低成本,其确实数字虽然一时尚难估计,但因铁道是个庞大企业,所需生产工具的数量也特别大,任何小的改善累积起来,都成巨大数字。如枕木防腐研究,如能使全国铁路枕木的寿命延长一年,即可为国家节约财富一亿元。又如一项较小的研究工作——货车上旧篷布防雨能力的恢复,在现场推广后,每年可节约 300 万元。

从它五年半的历史来看,铁道研究所的这些工作是非常不够的。这主要是由于我们在创所初期,走了许多弯路,费了很大代价来摸索经验。同时,为了工作人员的培养,工作上也受了些影响。直到 1953 年,全部研究人员都突击学习了俄文,搜集了俄文资料并学习了苏联先进的研究方法。同

茅以升全集
5

时，同铁路现场的联系以及同其他研究机构和高等学校的关系，也日益密切，因而能够打下初步基础。根据这几年的经验，我们有以下几点认识。

研究工作的任务问题。顾名思义，铁道研究工作当然应该为铁道运输服务，也就是在提高铁道运输效率的要求上，负有解决技术问题的主要责任。这些问题的产生是由于：第一，要对铁路的基本生产工具进行技术改造，建立现代化的装备，包括旧装备的革新，新装备的定型以及新路线的设计规范的拟定；第二，要提高使用生产工具的效率，包括固定资产，如钢轨、枕木等寿命的延长，以及消耗材料，如机车用煤和润滑油的节约；第三，要使新技术能在铁路上广泛运用，发掘现有潜力；第四，要在铁道运输中，贯彻"满载超轴五百公里"的运动。有人以为在铁路的基本生产工具中，几乎所有的材料（如钢轨、枕木）和机具（如机车、车辆）都是其他企业部门生产的，而在运输业务的技术上又有外国的先进经验做榜样，因而铁道本身的研究工作就不会太多。但是采用材料和机具要有规格和定型，学习先进经验要结合本国的具体情况，甚至同一理论问题，在外国已经解决了，而在我国铁路上，由于工具的质料和使用时的环境不同，还不能直接应用。因此，铁道研究工作的任务不但是繁重的而且是综合性的，包括了铁道的各个部门。有时由于需要，还包括属于其他企业部门的原材料的研究工作。在这里,铁道研究工作如何同其他企业部门的研究工作相互配合,协调进行,避免重复和遗漏,是一个亟待调整平衡的问题。这在第一个五年计划中已有明确规定。

研究工作的方向问题。由于铁道的基本生产工具包括了几乎所有种类工业的产品,在选择、组织和运用这些产品时,就必然会遇到大量复杂的技术问题。为了解决这些问题,就要有明确的研究方向,才不至于头痛医头、枝节从事,或者轻重倒置,或者预见不足。我们曾经试图对铁道的技术问题,分析其本质,按其重要性和相互关系,订出一套系统,就好像画出一棵树的根株枝叶一样,然后遇一问题,就可在这树上给它一个应占的位置,从而看出它们的轻重缓急,并可发现即将到来的问题。这个工作我们称为"技术系统化"。此外,在铁道技术的各种问题中,进一步来发现究竟有哪些问题是有共同性的、关键性的,解决了这样一个问题,就等于医治了同一病源而症候个别的许多病。比如,由于钢轨有接头,路基不能绝对平稳,而机车行驶的速度高,因而车辆的震动是比较大的,这就引起铁路上的许多特殊问题,如冲击力、联结松弛、材料磨耗等。又如,由于路线散布很远,车辆到处奔驰,而这些生产工具又都是暴露于自然气候之下的,因而晴雨寒暑的影响(如干裂、冻害、水锈、虫蛀等)就引起了对材料的侵蚀和腐蚀,威胁着行车的经济和安全。再如,铁道运输是日夜不停的,在持续不断运动中的材料和机件,时常发生"疲劳"现象,因而影响到材料强度和机械的灵敏性。这都是由于铁路运输的特点而产生的,因而震动、暴露、疲劳等现象就构成铁道技术系统化中的关键性问题。解决这些关键性问题需要有高深理论,应当是铁道科学的主要研究方向。在这里,中国科学院各有关研究所的协助和指导是非常必需的。

研究工作的组织计划问题。研究工作比起生产或教育工作,有很多不同点。一个研究专题的内容、进度和所需的人力、物力,是很难精确估计的。因而,在进行研究时,人力的组织有时被迫变更,工作的计划有时也不免流于形式。然而这并非一般的情况。在资料齐全、准备充分的条件下,研究工作仍然是可以有组织性和计划性的,如气象和地震就都可预报。关键在于认清专题的目的和本质,使用正确的研究方法和适当的检查制度。特别是要能掌握外国的研究资料,少走弯路。

研究工作的力量问题。我国科学队伍的力量是薄弱的。研究工作必须依靠群众智慧,才能有更大的发展。这不仅指参加研究专题的工作人员,而主要是对业务现场的广大职工而言。一个研究专题的来源是铁路现场,将来研究成果更要靠现场推广。那么,在研究当中,同现场群众的联系合作,就应当努力争取。事实上,现场上的许多合理化建议对研究工作是有很大启示作用的,特别是对专题有关的建议。研究所本身所能进行的专题是很有限的,假如现场的职工,对其他重要技术问题,久有考虑,而因缺乏仪器图书,无法研究,倘若能来研究所驻勤,由所内人员予以帮助,就此把问题解决,这就无异于发挥了科学研究的潜在力量。由此再进一步,以研究所为中心,在铁路现场,组织起大小成套的科学工作网,进行不同程度的科学研究,这将是开展铁道研究工作的一个远景。

研究工作的经济核算问题。在铁路恢复时期,技术人员中曾有只管完成任务不要经济核算的错误思想。这个思想在今天的研究人员当中仍然普遍地存在着,其理由是无法定出研究工作量的指标和劳动生产率的定额。这和研究工作不能计划化的论点是一致的。然而这是一种不正确的说法,把特殊的当成了普遍的,把"研究"两字当作挡箭牌,来掩护工作中的一切浪费和缺点。实际上,研究工作中的"返工""废品"虽不可免,但可以减到最低限度,所以关键仍是思想认识问题。如果深刻认识到研究工作正是要为国家发展生产,厉行节约,从计算研究工作的成本开始,然后估计其成果在生产中的作用,以期逐步做到其经济价值的核算,那么,研究工作的质量必可提高,而日益成为国家累积财富最有力的武器。因此,在研究机构中,一时虽还不能建立经济核算的制度,但研究人员一定要先树立经济核算的思想。

研究人员的思想问题。除了上述的经济核算和工作计划化的两个问题突出地表现出研究人员中的思想障碍而外,还有下列思想问题,也不时地发现。一是对于完成任务的信心不强,时常屈服于客观条件,放任自流。二是对于研究工作的整体观念不够,把专题看做是一人或一组的事,而不善于组织所有有关的力量,集体进行。三是主观主义看问题,把一时的看成永久的,片面的看成全面的,因而实验室中的成果不能在现场推广。四是如何服务不明确,有时犯本位主义错误,除铁路外概不过问;有时只看将来而忽视现在;有时强调理论,脱离实际;有时好高骛远,轻视小问题,而不注意它的巨大影响。所有这些思想,对于研究工作都是十分有害的,它们都属于资产阶级思想的范畴,必须加强学习辩证唯物主义,提高思想水平,才能树立正确的工作态度,更好地为铁道运输服务。

以上这些认识,当然还只是初步体会。对于研究工作有重大关系的许多其他问题,如培养干部、提高理论水平,调整机构、加强研究力量,建立科学工作情报网、交流经验,开展学术上的自由争论、发扬学术研究气氛,集中使用特殊的科学资料和仪器设备等等,因是科学界的一般意见,这里就不多说了。

铁道运输是我们五年计划中的重要任务,铁道研究工作是保证完成这个任务的一个重要因素。建国以来,科学研究工作受到我们党和国家的特别重视和关怀,我们铁道研究工作人员必须加倍努力,兢兢业业,坚持不懈地辛勤劳动,为完成我们伟大的第一个五年计划而奋斗!

原载 1955 年 10 月 18 日《人民日报》

检阅了我们科学大军的后备力量

1955 年 8 月 9 日,在北海少年之家,我参加了一个非常动人的少年儿童联欢会。在这会上我所见到的小朋友们都是科学技术爱好者,不但有热诚,而且有表现,他们已经创造出上千件的科学和工艺的展品,来和首都各界人民见面。我看到了他们在会上表演的电动铲土机、人工降雨器等等的精致模型,他们的智慧和才能使我十分惊喜。我再细看这小小的科学队伍,原来都是 9 ~ 15 岁之间的高小和初中的学生,有男生,有女生。他们来自祖国各地,包括了十几个民族。很多是从四川、广东、黑龙江、内蒙古等遥远的地方来的。他们都戴着红领巾。我看到他们那样欢情洋溢、全场沸腾的景象,不由得心中暗想,这真是毛泽东时代的幸福儿童,中国数千年历史上何时的儿童曾经有过这样一天! 中国共产党真是太伟大了!

第二天我去全国少年儿童科学技术和工艺作品展览会，看到了他们的全部展品。这真是一个丰富多彩的展览。它不仅展出了作品，而且，更重要的，显示出祖国新生一代的如同百花齐放、春笋怒发的正在滋长的巨大力量。这力量表现在：他们是热爱祖国的，在许多台湾地图的模型上，看到他们是如何怀念自己的领土；在一个由汕头小学制作的治淮工程模型上，看出他们是如何把祖国各地都当做自己的家乡。他们是热爱劳动的，他们不但亲手制作出这些展品，而且很多展品是长期劳动的成果，他们已经认识到劳动创造世界。他们是热爱科学的，他们的展品接触到自然界的许多方面，那里有上古时代的化石，也有最新的原子能电站的模型；有走的、飞的、游水的动物标本，也有走的、飞的、游水的动力工具的模型；他们对大自然有浓厚的兴趣和征服的雄心。他们是习惯于集体生活的，很多作品是集体创造，有些并且是经过长期有计划的组织而获得成绩的。他们是认识到理论应当结合实际的，很多展品和国民经济有关，看出他们是如何渴望在社会主义建设中早日贡献出力量。他们是喜爱艺术的，在工艺作品中看出他们对美术的创造，使多少艺术家们为之咋舌，有后生可畏之感。最后，他们是懂得节约的，差不多所有展品都很简单朴素，很多是利用了各种废料做成的。

看了这样展览就好像是检阅了我们科学大军的后备力

量,给了我们极大的鼓舞。这就加强了我们对未来科学家们的教育的责任感。我愿首先在这里对我们可爱的科学少年们表达几点希望:第一,永远不要忘记,今天的这点科学嫩苗是怎样培植出来而且眼看就要很快地发荣滋长的。这是由于中国人民的解放,民主政权的建立,由于党的领导、青年团的鼓励,必须时刻准备着,做到毛主席指示的"三好"。第二,要知道科学不是神奇的,任何奥妙都是可以揭穿的,然而攻破科学堡垒也不是简单的,必须贡献出一生的精力,坚持不懈地前进,占据一点是一点,哪怕是最小的一个据点。第三,要知道科学是统一的,要了解一个生物的现象就要有物理和化学的知识,而在解决一个物理中的问题时,也可能牵涉到地质和气象。同样,在经济建设中的一切技术问题,都需要综合的科学理论去解决。因此,在学习的时候,不能专凭兴趣去选择学科,而要对一门专业所必需的各种知识都给以全面的注意。第四,要知道科学是为人类服务的,是能在正确使用之下来为人民谋最大的福利的。我们要充分发挥科学的作用,以最少的人力物力财力,来最大限度地满足全体人民的需要。这就是社会主义建设的技术基础,同时这也说明了科学是需要和平而且也能够保障和平的。

其次,我想对这些小朋友们的老师们说几句话。这次展览当然是学生们的成功,同时也是老师们的成功。应当感到愉快,格外鼓舞。同时也必然会体会到今后的责任是更重大了。希望老师们进一步地提高自己的水平,更好地教导这些学生们,培养他们的钻研精神,鼓励他们上进,力戒骄傲情绪,克服个人主义,做好创造性的集体劳动。希望老师们学习米丘林培育植物的精神,来培育我们这具有无穷智慧和才能的新生一代。

最后,我希望像今天这样的展览会能在全国范围内不时地举行,这不但对全国的少年和儿童来说是有极大意义的,同时也会引起社会的注意,使有关各方面能给学校更大的帮助,来解决开展这种展览的一切问题。

在我们国家刚刚宣布了第一个五年计划的时候,就能看到这样一个少年儿童的作品展览会,使我们认识到中华民族有多大的雄厚人力来保证各个五年计划的完成,这该使我们如何地兴奋。今天爱好科学的少年儿童们就是第三、第四个五年计划战线上的生力军,让我们好好地培植他们成为将来许许多多的科学大厦的栋梁!

我热烈庆祝这次全国少年儿童科学技术和工艺作品展览会的成功!

原载 1955 年 8 月 18 日《光明日报》

我们年老科学家的愿望

　　我是个年老的知识分子,我时常和同辈的知识分子在一起,了解到他们的一些情况。他们都毫无例外地信任党,拥护党。他们天天学习,都在逐步地提高政治觉悟和业务水平。他们都感到比以前年轻了,而且,很奇怪,身体也比以前好多了。有几位退休的工程师都说他们感到年更富而且力也更强,很愿意重新参加工作。这一切都说明了,年老的知识分子都在进步,都想成为劳动知识分子,在伟大的社会主义建设中,贡献出一切力量。

　　然而,在过去六年中,我们年老的知识分子的力量,比起年轻人,究竟是贡献得太少了。今天看到轰轰烈烈的农业合作化运动和满街庆祝公私合营的欢乐景象,我们都不由得感到惭愧。我们的行动是慢了一些。我们年老的人的有效寿命毕竟是越来越短的,我们应当比他们有效寿命更长的人更加努力！

　　当然，我们年老的人是比较倒霉的。解放的时候，我们已经年过半百了，虽说是累积了五十年以上的知识和经验，但那里面的糟粕是非常之多的。清除这些糟粕就很费力，而最费力的还是清除从旧社会带来的思想包袱。比起年轻人来，我们在这方面的非生产性工作就做得多得多，因而影响到我们前进的速度。只有在思想上解放了的人们才能自觉地发挥出他们的积极性。我们年老的知识分子中间，已经有很多人在思想上或先或后地解放了，但离彻底解放还远，因而迫切要求加强政治学习，来更好地进行思想改造，更大地发挥潜力。

　　一位比我老得多的工程师对我说，他觉得解放以后，样样事都好，就只一件事不惯，就是党员干部不论老少，对他都是客气有余，亲近不足，弄得他有些话都不便说了。他特别指出，在某些机关的正副职之间，其中如有一位是党员，也有这种彼此尊而不亲的情况。他认为这对于提高政治和业务的水平都是有妨碍的。

　　谈到业务，很多老工程师对我谈起关于学习苏联先进经验的感想。他们一致认为苏联的科学技术的水平是非常高的，是应该学习的。但是我们的学习方法有时候却不一定正确。他们举出很多例子来说明，由于脱离实际，生搬硬套的形式主义作风,在学习苏联的名义下,反而造成了对国家人民的损失。有时候对苏联专家反映情况不全面,但却把苏联专家由此得出的结论当做金科玉律,这也是很有害的。在这里,有些老工程师认为他们过去袖手旁观的态度也是太不负责了,今后应该痛改前非,积极参加学习。

在过去,老工程师们对于英美的技术是十分崇拜的,因此在学习苏联的初期不由得流露出抗拒的情绪。后来对苏联的科学技术有了充分的认识,就对英美的技术提也不敢提了,把所有英美书籍束之高阁,生怕人说他政治上落后。其实,在科学技术上,我们政府曾一再号召要学习所有国家的对我们有益的经验,他们这些顾虑实是多余的。

有些老科学家、老工程师对我反映了一些意见,值得提出考虑。一是关于保密问题。科学技术是要靠交流经验来提高的,但在交流中总不免要触及保密问题,究竟在科学技术上,保密的范围如何,似应早日规定。二是关于技术政策问题。工程设计要有规范,规范里标准的高低要决定于国家的技术政策。但是我们还没有公布过这种政策,因而设计的时候就不免要参考苏联的标准,但偏高就是浪费,偏低又不免保守,弄得无所适从。三是关于开会问题。不但工作时间内的会太多,影响到工作;而且夜晚和星期日的会也多,更影响到健康。其实,问题往往不在会而在如何开。有人建议,凡是开会应当把开始的钟点和结束的钟点,连同开会内容,预先通知参加的人,以便早做准备,安排自己的时间。如果做主席的能很好地掌握会场,这是完全可以做得到的。在苏联就有 30 分钟乃至 10 分钟的会。其次,凡是一般传达性质的报告会都不必开,只要把传达内容写成书面的,发给大家自阅好了,因为看稿要比听讲快得多。再次,大报告可以利用电话线收听或录音转播,以便扩大听众范围,并且可以更好地安排收听时间,这对年老的人是较为方便的,同时,这也节省了交通的时间和费用。四是关于工作条件问题。科学家和工程师们所希望的只是回家后能安静读书和有书可读,因为有些研究工作是要夜以继日在书堆中进行的。然而这两件事就不简单,因此有人建议,对于科学技术人员的工资待遇并不需要如何特别,只要能在这两件事上相当满足,就够好了。此外,关于写书,有些科学家不得不用"四自"办法——除自写外,还要自己查书、自画、自抄。他们希望能有助手帮忙,这对助手来说,也是一种培养。五是关于青年科学工作者的培养问题。所有我所接触到的科学家和工程师们对于年轻一代的成长都表示万分喜悦,都愿意毫无保留地把他们有用的虽然是有限的知识全部传授给他们。他们也非常尊重我们这些年老的人。不过,由于大家工作忙,彼此之间的接触是不免太少了一些。希望年轻的人也能和年老的人一样,都能有更充分的时间,来多做些研究工作。我们更感觉到对于女科学家们,由于多了一些家庭负担,时间问题实是严重,特别是她们要在工作和学习上和男同志们竞赛,这就更妨碍了正常的生活和健康。希望在这些方面能对她们多多照顾。六是一些个别问题。有的人工作特别清闲,只好终日学习,特别是在某些学校里,有的教师无课可开,竟可闲散一二年之久,仍在等待。有的人看到刘仙洲副校长入党,非常兴奋,内心里也激荡起一股暖流;但终恐"贻笑大方",虽有此心,不敢出口。有的人在解放前写的科学技术书籍,其实还有用,但现在各书店都不肯出售了。

当然,以上的意见不一定都成熟,但有些意见是很值得慎重考虑的。回过头来,我们自己还应该想一想,国家会向我们提出些什么意见来呢?我想恐怕不少。我们年老的科学家们应当把有生之年的所有的力量全部贡献出来,在党的领导下,同全国科学工作者一道,努力发展我国的科学事业,为在三个五年计划期内赶上世界科学水平而奋斗!

原载 1956 年 1 月 22 日《人民日报》

扩大科学队伍，占领科学阵地，
向科学大进军

我是个铁道科学研究工作者，同时又爱好科学技术普及工作，因此想就我从科学研究工作中所体会到的科学技术普及工作的重要性以及在发展我国科学技术的远景规划中，科学技术普及工作如何能有效地为科学研究服务，科学技术普及工作者如何向科学进军，提出一些意见，顺代报告一些世界先进科学的发展情况，供各位参考并请指正。

科学研究为生产服务

我们进行科学研究工作的目的主要有两个：一是提出关于新技术的建议，在工农业生产中试行推广，以便解决生产中的技术问题，进行技术改造，或者生产新品种，实行新措施；二是提出科学上的新理论，以便逐渐形成新技术，为将来的生产服务。总的来说,科学研究的任务就是为了生产,包括今天的和明天的。同时,今天的生产需要也就指出了今后科学研究的方向。科学研究促进了生产发展,生产需要提高了科学水平。研究和生产是永远紧密地联系着的,脱离了生产实际就没有科学研究。因此,工农业生产中劳动人民的科学技术知识不但是发展生产的重要因素,同时也影响到科学研究成果的验证和推广。

首先是科学研究成果的推广必须要靠生产现场中有关职工的密切合作,而合作的条件之一就是职工的科学技术水平。比如,我们铁道枕木容易腐烂,除用油蒸方法防腐外,还创造出"膏浆涂抹法",可在现场已经铺好的枕木上,用配好药料的膏浆,就地涂刷,效果很好;但在涂刷之先,要先加防水层,是用有防水能力的沥青做的,而现场工人有时不了解这种沥青的特性,采用普通沥青,因而降低了膏浆的防腐效能,造成损失。

科学研究成果的获得必须经过试验阶段,不但通过理想条件下的试验室的验证,而且还要经得起情况复杂的现场的考验。这个情况复杂的现场往往不是研究人员所能透彻了解的,因而就不可避免地会遇到未曾估计到的因素,使研究失败。特别值得注意的是,一般科学研究工作往往能过实验室的"关",而通不过现场的"关",这就要求研究人员要和现场紧密联系,要向现场职工学习。在这里,现场职工的科学技术知识便有极大作用,不但能用科学语言介绍情况,而且还可提供意见,帮助解决问题。比如,我们曾对失去防雨效能的篷布,研究出一种恢复防雨性能的办法,为国家节约了很多的财富,但配方中需要面粉,耗用粮食,又要用甲醛,在加工过程中,气味很大,经过现场职工的建议,重加研究,现在可以不用面粉,减少甲醛,而防雨能力反而增加了。

科学研究工作既为生产服务,研究对象当然主要是现场生产中的问题,或是今天已经发生的,或是明天即将发生的。这些问题的提出,主要依靠现场经验,因而现场职工就往往是向研究人员出题目的人,题目要出得好,就要明确中肯,而这就需要相当的科学技术水平。比如,在铁路机车的锅炉中,用的水如果不好,就会起沫上升,和蒸汽搅在一起,形成"汽水共腾"现象,不但增加煤的消耗,而且减少机车的牵引力。这个情况,经现场职工提出,引起领导注意,交我们研究,结果制成一种"化学消沫剂",可节省燃煤4%以上,增加牵引吨数5%以上。

由此可见,科学研究工作,从课题的来源到研究的进行以至成果的推广,是和生产现场的职工有密切关系的,不能把科学研究看成是神奇奥妙、莫测高深、与群众无关的事,更不能认为现场只管生产,研究工作的好坏与我无涉。这种不正确观念之所以产生正足以说明职工群众的科学技术知识的重要性。有了知识，就有力量，这个力量不但表现于生产，而且也表现于与生产有关的各方面，协助科学研究完成任务，就是其中之一。我们可大胆地说，一个国家的某种科学研究的水平是和它相关的生产现场职工的科学技术水平有比例关系的。苏联所以能在人类历史上第一次建成和平利用原子能的发电站，当然是苏联科学家们在科学研究上的卓越贡献，然而如果没有具备高度技术的相关工业来配合，这个发电站是造不成的，研究成果是不能见诸事实的。这个发电站终于能在世界上第一次造成，就足以证明建造发电站的职工是有相当的科学技术水平了。这当然不是说，凡参加生产一个东西的职工都要有较高的科学技术水平，但在研究试验一种创造发明以至成功的过程中，参加实际工作的职工的贡献，是不同于按照设计规程所进行的一般生产的。科学技术普及工作对职工群众的科学技术知识有不断提高的显著作用，因而对科学研究工作也有它极重要的意义。

在三个五年计划期间基本建立起整套的科学技术力量体系

谈到苏联的原子能发电站，就不由得会想到我国科学技术的落后。我们几时能用自己的力量,造成自己的原子能发电站呢? 我们的第一个五年计划,由于党的领导的正确和全国人民的劳动热情,是不但可能完成,而且可能提前超额完成的。很快,我们就要进入第二个五年计划了,任务比第一个五年计划还要大。我们有信心来完成第二个五年计划,甚至也可超额完成。但是我们不能不想到在进行第一个五年计划的期间内,在科学技术问题上所遭遇到的各种困难和阻碍。由于社会主义改造的胜利,在我国全部经济事业中,原来受帝国主义、封建主义和官僚资本主义所束缚的社会生产力,是全部充分地解放了,因而劳动人民的建设热情空前高涨,发挥了集体智慧和潜在力量,克服了艰难困苦,创造了许多令人难以置信的生产建设上的奇迹。就这样,我们的第一个五年计划就眼看着要很快地超额完成了。这是在政治经济上解放了社会生产力的后果,是我们伟大的党领导全国人民取得了革命胜利的结果。但是,社会主义制度的优越性不仅表现在政治经济方面,同时也在科学技术方面,苏联的原子能科学的发展就是一例。假如苏联到今天还没有原子弹和氢弹,威胁世界和平的紧张局势到今天也还不会缓和。在社会主义制度下,既要在政治经济上解放社会生产力,也要在科学技术上解放社会生产力。如果说,我们第一个五年计划可能完成,主要是由于在政治经济上解放了全国的社会生产力,那么,在我们准备迎接第二个五年计划的时候,我们就必须更加努力地在科学技术上来解放全国的社会生产力了。我们必须要能顺利地克服那些在第一个五年计划中所遭遇的科学技术上的阻碍,进而解决在第二个五年计划中可能遭遇的科学技术问题。同时,我们也应该逐步完全用自己的力量来完成自己的计划。在第一个五年计划中,苏联政府和人民给了我们无私援助,其他人民民主兄弟国家也给了我们帮助,但是这种发展国民经济的计划是长久的事,而且是越来越多、越来越大的,我们必须能逐步依靠自己的力量,解决自己的问题,这样才能减少兄弟国家为我们担的额外任务,才能加强整个社会主义阵营的力量。我们是个地大人多物博的国家,我国人民已经在政治经济上站立起来,还应该在科学技术上也同样站立起来。我们应该在三个五年计划期间,在全国范围内,基本上建立起一个整套的科学技术力量的体系,如同基本上建成一个完整的工业体系一样。到那时,我们物质建设上的一切需要就有可能完全用自己的力量来满足,包括科学技术上的要求在内。到那时,我们也就当然会有自己的原子能发电站了!在党的"八大"会上周总理在《关于发展国民经济的第二个五年计划的建议的报告》里说:"最近在党中央和国务院的直接领导下,集合了全国几百名优秀的科学家,草拟了今后十二年的全国科学技术发展规划和哲学社会科学发展规划，分别地提出了自然科学和社会科学最重要的研究任务。这是提高科学研究工作，保证我国许多重要的科学和技术方面在今后十二年内能够接近世界上先进水平的极重要的措施……"在这样正确方针指导之下，我国科学事业的发展是有保证的了，我国科学技术的落后状况是一定可以迅速改变的了；同时，我国科学技术普及工作的重要性也当然是愈来愈显著的了！

周总理的报告提出了在今后十二年内对我国科学技术方面的两个具体要求：一是要制定科学技术研究任务的规划，二是要使我们重要的科学能接近世界先进水平。这是我们向科学进军的战斗任务。当我们在科学技术普及工作方面向科学进军的时候，知道一些关于这个科学战场的情况，应该是有益处的。

集中力量，突击重点，占领重要的科学堡垒

首先，我们应该选择哪些科学堡垒去占领呢？现代世界科学技术正处在日新月异的发展过程中，科学领域不但日益扩大，而且各门科学彼此带动，互相交叉，产生了许多边缘科学和新的科学生长点，使整个科学飞跃式地前进，引起生产技术的不断变革和更新。从我们社会主义建设的需要来看，

几乎各门各类的科学技术都不可少,都要发展,然而我国的科学技术本来是落后的,队伍又极其薄弱,并且向科学进军又不能打游击战,今天占领,明天放弃,那么,我们科学技术的发展该怎样去规划呢?我们只有依照周总理报告里提出的方针去做,那就是"集中力量,首先解决重要方面的问题,防止百废俱兴、平均使用力量的偏向"。这里所谓重点就是国家最急需解决的某些重要技术任务和某些应用范围较广的重要学科而同时又是我们科学技术中的薄弱环节或空白点。为了说明起见,现举几个科学堡垒(国家的重要科学技术任务)的例子,看看我们是否应该去占领。

1. 测量制图新技术——这是基本建设中走在最前面的重要工作。国际上这方面的新技术发展很快,很多物理学上的新成就已被应用。例如现行的基线测量往往需要一两个月方能完成,但采用光电测距法,在几小时内即可完毕。无线电测距法可直接测量几百公里的距离,可代替现行的一等以下的三角测量。这个无线电测距法还可直接测定航空摄影机在摄影时的位置,大大减少地面的控制测量工作。测量可以解决地球形状及大小问题,但过去三角测量只能在大陆上进行,只占整个地球表面的30%,但如用无线电测距法,跨海测量就可准确地进行了。因为这个方法很快,可以在不同年代里重复测量,来看出地壳移动和升降的实际数据,它对地壳构造问题也可起很大作用。

2. 燃料的合理利用和动力新技术——在一切生产企业和人民生活中都需要燃料和动力。一个国家的工业化程度和人民的生活水平表现在使用的燃料和动力上。在工业先进国家,每人每年使用的各种燃料相当于两吨煤以上,而我国目前还不到 0.2 吨;使用电力在 800 度以上,而我国还只 25 度。目前世界各国使用得最多的燃料是煤、石油和天然气。最新而储量最大的是原子能燃料——铀和钍。各国都在研究大量开采的方法。有同样重要意义的是燃料综合利用的研究。燃料是很多化工产品必需的原料,把它烧掉非常可惜。从煤、石灰石、水、空气等资源出发,就能制成农业用的肥料、工业用橡胶及塑料、人造纤维、染料、药物等。在动力新技术方面,苏联已建成 5000 千瓦的原子能发电站,今年还要造一个十万千瓦的原子能发电厂。英国宣布,在 1956 年以后,新建的发电厂全用原子能。此外,燃气轮机在很多国家有迅速发展。苏联正在建造五万千瓦的燃用地下煤气的燃气轮机,并且已经制成一台 12000 千瓦的燃烧粉煤的燃气轮机。在内燃机方面,美国正在发展一种柴油和煤气两用的内燃机。民主德国正在研究利用农村中牛马粪来发生可燃气体作为农业机械的动力燃料。

3. 发电厂和动力系统——发电可用的火力或水力,在我国都有丰富资源,但要提高发电厂的效率,问题就多了。在苏联,火力发电的蒸汽轮机,一般都用535℃和100个大气压的高温高压蒸汽,现正研究用1000℃和500个大气压的蒸汽,可把效率提高40%左右。美国已有26万千瓦的汽轮发电机,现正进行建设340个大气压、650℃、33万千瓦的机组。在苏联,正在研究60万～70万伏的交流输电电线或用直流输电方式把西伯利亚的联合动力系统和欧洲部分的统一动力系统连接成为全苏联的统一动力系统。这样,全苏联的动力供应便可调剂平衡了。在水力资源方面,我国占世界第一位,在长江三峡,可能建设一座超过1000万千瓦的水力发电厂,将是世界上空前未有的巨型发电厂。

4. 矽酸盐工业的新型产品——水泥、耐火材料、陶瓷和玻璃等工业,主要以天然的矽酸盐岩石和矿物为原料,地壳里储量丰富,为取之不尽的天然资源。水泥是建筑事业中极重要的材料而品种繁多。装配式建筑中需要快硬高强度的水泥,巨型水坝中需要高密度、低发热量的水工水泥,地下建筑需要不透水的膨胀水泥,海港建筑需要抗硫酸盐水泥,国防工业上要有快硬的抵抗冲击爆破的水泥,原子能电站中要有吸收中子的水泥。耐火材料主要服务于钢铁工业,否则炼不出好钢来。在喷气飞机、火箭、原子能工业、燃气涡轮、高熔点纯金属与合金的冶炼等方面都需要特殊耐火材料或陶瓷金属的制品。耐火材料的产量美国最多,为我国现有产量的 20 倍,但碱性耐火材料的产量,苏联超过美国。玻璃的新型产品,近年在美英与苏联均不断地涌现,例如大口径的玻璃管可用于传送腐蚀性物质及地下管道。玻璃纤维已广泛用于电或热的绝缘,其织物与有机塑料的层压制品,强度极高,可用来防弹。少于微米的玻璃纤维,美国已经生产。我国的矽酸盐科学,基础薄弱,亟待大力发展。

5. 建筑工业化——有三个相联系的环节:(1)把建筑物设计成为若干标准物件的组合体;(2)在工厂中用机构化、自动化的方法将这些建筑物件大量生产;(3)用机构化方法将建筑零件在工地安装起来,成为建筑物。在苏联,这有极大发展,一个五层楼的房屋,在 12 天内就可建成。他们发明了许多新的建筑材料,如新的早强水泥只有一两天就凝固了,而普通水泥要 28 天。又有一种加气混凝土,非常轻便,只有普通混凝土重量的四分之一。在资本主义国家,建筑工业化也很发达,在金属及塑料结构方面有很多新型材料。我们武汉长江大桥的建筑有很高的科学水平,所用的施工方法值得研究推广。

6. 无线电电子学的新技术——半个世纪以来,以无线电和电子管的发明为起点,无线电电子学技术有了极大发展。在进行高速度的观测、传递和控制时都需要这一重要工具。

它的特殊性能是:(1)能以每秒30万公里的高速,超越各种距离来传递信号;(2)有高速度的变化力反应,每秒可有成千亿次的交替;(3)能放大极高倍数,分辨极微弱的现象。因此应用到通信和广播方面就有日新月异的新发展。电视广播已逐步成为宣传教育和文化娱乐的主要工具。现在已经有了五彩电视。半导体的发展使广播设备起了巨大革新,使收音机、载波机、增音机等既省电又轻巧。瑞士已在研究半导体无线电手表。国际上已有无人管理的广播电台。传真技术可使用户收到广播放送的新闻报纸,可使电报通信完全自动化。长途电话可能完全自动化。一根线路上可容纳几十万个话路或几百个电视电路。这些都是我们研究的方向。

7. 生产过程的机械化和自动化——可以提高劳动生产率,改进产品质量,降低制造成本,并可大大改善工人的劳动条件。现代科学的最新成就,如原子物理、半导体、电子学、计算技术、超声波等,不断地丰富生产过程自动化的领域,同时也带动其他科学和技术的发展。在苏联,极大部分的水电站中装设了机组的自动与自动控制,有90%以上的生铁是在自动化的高炉中熔炼的,将近90%的钢是在自动化的平炉中炼成的。在许多煤矿中,很多机器采用了自动控制。机械制造业中有成百个自动线和一系列的自动车间。许多生产玻璃、塑料产品的自动线,生产电灯泡的专用自动线都在工作。

生产汽车发动机活塞环的自动无人工厂,已在生产。在铁道运输业中,已广泛采用自动闭塞、自动集中、自动停车及驼峰调车场的机械化。在美国,原子材料生产的工厂都是综合自动化的。动力厂、化工厂、机械制造厂、民用工业的各种制造厂也都广泛地采用了自动作业线。铁道运输工业和石油输送管道有高水平的远控设备。

8. 运输装备新技术——首先要研究各个运输业的新型动力装备,这是与国家资源密切相关的。在铁路方面,我国煤矿较多,水力资源丰富,正在研究烧用固体燃料燃气轮机车和电力车。在瑞士,由于水电发达,已制成 12000 马力的电力机车。在法国,已有交流、单相、工业频率的高速度电力机车。法国巴黎的货车驼峰调车场,每日可调车 5000 辆,据说是欧洲最大的,调车工作完全自动化。在轨道建筑方面,各国都在发展焊接无缝轨和预应力混凝土轨枕。西班牙有两轮客车,高速度时车行平稳。西德在研究单轨铁路,减少路线投资。在公路汽车方面,我们研究用煤气的汽车发动机和大容量电池的电力车。同时,对于船舰和飞机用的燃汽轮机和原子能动力设备也应开展研究工作。

以上这些重大问题,我们听起来都很觉新鲜,但在国外,有的已是家常便饭了,这是因为我们的生产建设还开始不久,而且很多技术问题已由我们的兄弟国家帮助解决的缘故。但在我们生产事业飞跃前进,需要自己解决的技术问题愈来愈多的情况下,这些重大问题就必然要成为我们自己的科学研究任务,成为我们自己所要攻克的科学堡垒了。行军要有战略,为了攻克这些堡垒,就要有科学规划,这就是周总理报告里提到的第一个具体要求。

对世界科学先进水平问题的看法

关于第二个要求,世界科学先进水平问题,科学界的意见很不一致,现把我个人的看法提出,请各位指教。

这里牵涉到许多问题,比如,什么是科学水平,怎样叫做先进,知道水平有何作用,拿什么来衡量科学水平,一国的科学水平是由哪些方面形成的、怎样形成的,等等。

先谈一谈科学水平的意义。在国际体育运动会上,一个运动员的竞赛纪录是代表他的国家的,这个纪录就可和其他国家来比。但这个纪录是否就是他所代表的国家的体育水平呢?水平是指稳定的水面,不是一时暴风激起的浪花聚成的浪头,如同钱塘江潮的水平那样,浪头是有别于水平的。因此一国的体育水平是要从全国的、长期的运动记录来评定的。然而知道了体育水平,究竟有何作用呢?它的现实意义何在呢?难道高的水平就值得夸耀吗?我们都了解一个国家的体育水平是标志着它的国民的体质强弱的,而体质是有实际意义的。同一理由,我认为一个国家的科学水平不是决定于少数杰出科学家的一时荣誉,那是个别科学家的水平,而非一国的科学水平。一国的科学水平是要从整个的科学技术力量来表现的。这个力量包含高级科学家的研究成就,科技人员的劳绩,也包含一般职工的技术经验。同时,这个科学水平,无论多高,如果不能在生产实际中反映它的作用,也是没有实际意义的。只有能够指导生产,刺激生产,使生产能向多、快、好、省各方面迅速发展的科学,才能在国际市场上竞赛,而指导性、探索性愈强的就愈接近先进水平。

其次,具体来说,科学水平究竟用什么来表现,用什么来衡量。对科学研究人员来说,一般表现是科学论文。论文的鉴定,有时凭理论的创造性,有时凭实践的经济价值。据说现在全世界关于自然科学的论文,每年发表于 26000 种的期刊中的,约有 200 万篇。这个数字是很惊人的,可见世界各国都在向科学进军。我们用什么标准来评阅这些论文,定出各国的科学水平呢? 这不是像体育竞赛那样容易办到的。我认为最有实际意义的标准,是看这些论文对今天生产的指导性和对明天生产的探索性。这对技术科学来说,似乎是很自然的。就是对基础科学如数学、物理、化学、生物、地理等而言,好像与当前生产实际并无直接关系,特别是纯理论性的研究,然而这研究的最后结果,叶落归根,总是有它一定的实际意义的,迟早必能起到它指导生产实际的作用。比如今天脍炙人口的原子能、半导体、电子计算机等新技术,在最初研究的时候都是纸面上或试验室里的工作,就连做研究的人,也不曾料到它的实际后果,但在今天,这些研究却掀起了一次崭新的生产技术大革命。这难道还不是对那些理论研究的最好评价吗? 至于技术职工的科学水平应当用生产实际中的表现来衡量,那就更不必说了。

第三,科学的门类很多,我们应该拿哪几门的科学水平来和世界相比。在国际运动会上,竞赛项目是可以由我们自己选择的。在科学水平上,我想也该如此。世界各国的自然资源条件和人民生活需要是不甚相同的,因此各国的科学发展也必然会各有所长。比如瑞士这个国家,缺煤缺油而富于山水,就努力发展水力发电的技术,因而它的铁路就有 97% 是电气化的,为世界最高纪录。又如荷兰,国小人多而靠海,就与水争地,它的海中筑坝技术,素称世界第一。又如德国是缺乏钾硝酸盐矿的国家,由于对氮化合物的需要,就发明了从大气中提取氮的方法,推动了化学工业的发展。这都是由实际需要和自然条件来决定的。那么,在这一类的技术上,我们是否也都要和他们争胜呢? 又如,我国北方地区多黄土,因而以黄土做路基或基础在我国是富有经验的,我们是否应当大力提高我们这门科学的水平呢？因此，我们说追赶世界科学先进水平，绝不是说门门科学都要赶，而只是说，"许多重要的科学方面"。怎样叫做重要呢，就是我们人民需要和国家自然条件所决定的。怎样来决定呢，就是用我们的生产实际。因此，我们来和世界比较科学水平，应当是生产实际发展的当然结果，是随之俱来的，附带的一种标志，并非像国际运动会那样，故意拿几门科学去竞赛，去争第一。生产发展有了比较，科学水平当然就有高下了。

第四，一国的科学水平是由哪些方面形成的，怎样形成的。所谓科学水平是仅指少数科学家的贡献呢，还是也包括广大科学队伍的劳绩？水平是仅指质量而言呢，还是也包括数量？我认为应该包括数量。这有两层意义。一个国家的科学队伍大，当然工作就多，方面也广，写论文、做试验的助手也多，因而科学研究工作的内容也会更丰富。同时，队伍大了，多中取精，不但精的也多，而且可以更精。比如，体育运动参加的人越多，越容易创造新纪录，这就是由于群众的智慧、群众的力量。因此，科学发展也该以群众为基础，科学水平是科学家在群众基础上创造出来的，就是群众的集体智慧、集体力量创造出来的。群众中当然可以产生卓越的科学家，同时群众也有自己发展科学的领域，那就是生产实际。因此，科学水平不仅表现于科学家的科学论文，同时也表现于生产实际中的高度技术。如上所述,苏联原子能科学的水平是和相关工业中职工的技术水平分不开的。

上面提出了很多关于科学水平的问题,而我的答案只有一个,那就是要从生产实际求解答。科学指导生产前进,今天的科学,便是明天的生产,但同时,生产为科学供应器材,向科学输送队伍,并且更重要的,向科学提出种种难以解决的技术问题,逼得它"背城借一",非打胜仗不可,这对科学提高是个不可缺少的动力。比如,法国的巴斯德,因为要解决养蚕和酿酒中的问题,发现了细菌,对整个医学和农业起了革命,为科学做出极大贡献。科学和生产就是这样密切联系着的。生产反映了科学水平,科学也反映着生产水平。基本上科学水平是应当和生产水平相适应的。在落后的生产基础上,科学是不可能先进的。生产要成为先进,必须要能用本国自然条件来满足人民日益增长的生活需要;科学要成为先进,必须要能用本国的力量保证这样先进的生产。两个水平相差过远时,对国家来说,就有浪费。比如,法国的铁道电气化是有成绩的,去年制成一辆车,每小时能走 332 公里。然而直到今天,这辆机车在铁路上经常行驶,速度还只每小时100 公里。从科学水平讲,这辆机车的设计研究当然是很好的,然而从运输的生产水平讲,其中即有浪费。科学水平和生产水平的脱节,反映出资本主义的弱点,像这样的科学水平也不能称为先进。

一声号角,万马奔腾!

既然生产是和科学紧密联系的,生产中的职工群众就是处在科学海洋的包围之中的。他们的生产经验就是科学知识的源泉,同时也是科学研究的养料。他们积累的技术本领就是科学的应用,同时也是学习科学的资本。他们已经是处在最好的环境里来和科学打交道。有了科学知识,不但就能提高技术,加紧为社会主义的生产建设服务,加快完成五年计划,而且还能通过生产,帮助科学更好地进行科学研究。知识就是力量,这个力量推动生产者自己前进,成为先进生产者,成为科学家;这个力量提高生产水平,提高科学水平。这就是科学技术普及工作对全国职工应起的作用,也就是对科学研究工作有效的服务。

同志们!党号召我们向科学进军。现在,进军的策略——科学规划,已在制定之中;必须攻克的科学堡垒——科学研究任务,很快就要公布了;冲锋陷阵的全国科学家,已经整装就道、衔枚疾进地前进了。但在围攻堡垒以前,先要占领科学阵地,阵地越大,队伍越多。全国职工群众是这个队伍的后备军,也是后勤队,让我们大家赶快用科学技术武装起来,磨刀擦枪,积极准备着上阵杀敌吧!

一声号角,万马奔腾!让我们快快扩大科学队伍,占领科学阵地,向科学大进军!

原载 1956 年 11 月 2 日《工人日报》

进一步开展职工科普工作，
迎接新的生产高潮

——在中国工会第八次全国代表大会上的发言

中国工会第八次全国代表大会的召开，标志着我国工人运动具有历史性的新的发展。我代表中华全国科学技术普及协会向大会表示衷心的、热烈的祝贺！

我们科普协会从 1950 年成立以来，就是和工会密切合作的。我们都是自愿结合的、广泛的群众性组织，都以提高社会劳动生产率作为一项共同的重要任务。我们曾经联合举办过几件事。1954 年 7 月，我们两会联合发布了《关于加强科学技术宣传工作的联合指示》，1956 年 1 月联合制定了《关于 1956 年对职工进行科学技术宣传工作的协作计划纲要》。在我们两会的各级组织的推动下，几年来在全国职工中进行的科学技术宣传工作有了极大发展。通过讲演、展览、电影和出版等活动，帮助广大职工群众学习了各种科学技术知识,提高了劳动生产率。这对于开展社会主义劳动竞赛,起了一定的作用。

几年来,在全国职工群众中涌现出大量的科学技术普及工作的积极分子。1956 年 10 月 29 日,我们两会就在北京联合召开了全国第一次职工科学技术普及工作积极分子大会。为了召开这个会,全国 22 个省、2 个自治区、3 个直辖市与 139 个省辖市都举行了各地区的职工科学技术普及工作积极分子大会,选出了出席全国大会的代表。有 997 位科学技术普及工作积极分子出席了大会。大会检阅了几年来全国科普工作的成就,交流了工作经验。在大会上,全国总工会主席赖若愚同志说:"要解决先进的社会主义制度同落后的社会生产力之间的矛盾,重要的关键就是把我国的科学技术提高到世界先进水平;把我国工人阶级培养成为具有高度文化、科学、技术水平的阶级;并且把现代的科学技术成就,逐步地应用到我国建设事业中来……""每个民族或国家文化科学技术水平的高低,和它的社会生产力的发展程度是相适应的""因此,我们不只是要求科学工作者提高科学研究水平,同时,也要求不懈怠地提高职工的文化科学技术水平,即在职工中普及科学技术知识"。他的这个发言给了全国职工极大的鼓舞,同时也对我们科普协会会员指出了努力方向。在这次大会以后,我们科普协会的工作和工会各级组织的活动更加紧密地结合起来了。1956 年下半年在 19 个省、两个自治区和三个直辖市及中国铁路工会的 5402 个工厂的文化宫和俱乐部里,就举办了有关生产技术的讲演 15593 次,听众289 万人次;举办了展览会 2081 次,观众 462 万人次。1956年 9 月下旬,我们两会在北京联合举办的"全国职工科学技术普及工作展览会"为期一个月,参观的就有 12 万人。我们相信,通过我们两会的共同努力,在全国职工中的科学技术普及工作是必然会随着生产发展而一日千里地前进。

为了使大会代表们了解我们科普协会的一般情况,来作出进一步的合作计划,我现在把我们协会的工作简单介绍一下。

我们科普协会是一个业余性的群众团体,所有会员都是自愿参加而进行义务劳动的。现在我们在全国各省、自治区和直辖市,除了西藏和未解放的台湾外,都建立了分会(共 27个),在全国半数以上的县市都建立了支会(共 1314 个),共有会员 272645 人,其中高级知识分子约占 7%。在 1956 年,协会做了 28 万次讲演,举办了三千多次展览,放映了一万三千多次科学电影和幻灯,出版了四千多种小册子和宣传资料,其中仅总会出版的 248 种普及科学的小册子就发行了890 万册。1957 年上半年仅就 22 个分会的不完全统计,讲演23 万次,展览六千多次,科学电影和幻灯放映二万余次,出版小册子和讲演资料五千多种。协会现有对外发行的四种定期月刊——《科学大众》《科学画报》《知识就是力量》《学科学》，每种每月发行数都在十万册左右。大部分分会还办了《科学小报》，结合当地当时情况，进行科学技术宣传。此外，协会还办有机关刊物《科学普及工作》和《科学普及资料汇编》，帮助会员做好工作。协会在北京西郊兴建了北京天文馆，该馆于今年国庆节开幕，内有天象厅，在圆形屋顶上放映日月星辰运行的电影，在几分钟内看到每月和一年四季的变化，还可知道几千年以前和几千年以后的天空。此外，协会于北京东城泡子河接收了我国有历史意义的古观象台，成立了古代天文仪器陈列馆，去年就有三万多人参观。

由于我们协会的主要任务是向广大群众宣传科学技术知识来提高生产能力，宣传辩证唯物主义世界观来破除迷信，因而协会的宣传方针是结合生产、结合实际的，而宣传方式是多种多样、通俗易懂、生动活泼的。除了在城市经常举办较大规模的讲演会、系统讲座，放映科学电影，举办各种大、中、小型的科学技术展览外，还在工厂矿山的大小车间里、城乡的文化馆里，进行定期的讲演。此外，还要出版大量刊物，如期刊、小报、小册子、丛书和各种宣传资料，来满足广大劳动人民的需要。所有这些都是在党的领导下、在有关部门的积极支持下，协会的广大会员利用业余时间，坚持不懈地进行宣传。为了提高宣传质量,我们吸收会员中水平较高的科学家,按学科组成各种学组,担负有关宣传的选题计划、写稿、审稿等任务;形成各种宣传的参谋部。在总会的 21 个学组里,就有学组委员 467 人,包括大学教授、研究所研究员、产业部门工程师、医院院长、主任大夫和一些工农企业部门的负责人。他们都是工作极忙的科学家,但都热爱科普工作,自愿投身到科普的行列中来。

我们协会会员对科普工作的积极性是协会能为人民服务的一个重要因素。他们在党的教育关怀下,政治觉悟普遍提高,认识到把群众中来的科学知识,用自己劳动,再传播到群众中去。科学普及工作是提高群众和科学工作者的业务技能、提高劳动生产率、加速社会主义建设、培养又红又专的社会主义知识分子的一个重要的工作。

一个国家的科学水平不是以少数的科学家来决定的,而是要从全国整个的科学技术力量来表现的。这个力量包括高级科学家的研究成果和科学技术人员在生产建设上的工作表现,也包含一般职工在生产建设中的技术经验。科学和生产是紧密联系着的,生产力的发展速度反映着技术水平的高低;科学的发展也反映着生产力的高低。诚如赖若愚同志在科普工作积极分子大会上所说:"广大职工群众需要科学家的帮助,科学家们也需要广大职工的帮助。"在科学普及工作上,工会组织需要科普协会的帮助,科普协会也需要工会组织的帮助。过去我们的科学普及工作就是由于这样互相帮助而有了蓬勃发展的。今后我们要进一步加强我们两会的合作,来争取科学技术普及工作的更大的成就。

为了更好地完成我们两会在科学普及工作上的共同任务,我们希望:(1)两会共同加强计划性。两会的各级组织,根据需要与可能,相互协商、实事求是地订出年度、季度、月度的工作计划,在各级组织中具体实施。(2)建立负责制。两会的各级组织指定专人或一定机构,负责保证工作计划的顺利进行;在科普协会的各级领导机构中,工会派负责同志参加。(3)相互检查督促。协会与工会共同负责,定期检查执行计划的情况,纠正错误,改正缺点,来提高工作效率。(4)创造工作条件。工会基层俱乐部、图书室要有一定数量的科学技术书籍、图片和资料,帮助会员学习;工会所属的电影放映队要能比较经常地放映与生产有关的科学技术电影和幻灯片。(5)充分发挥积极分子的作用。两会各将群众中的科普工作积极分子组织起来,帮助提高他们的科学水平、组织能力,使他们能在群众中充分发挥其骨干、带头和桥梁作用。过去,我们科普协会的工作是有很多缺点的,希望工会同志们对我们经常批评和指教。

我国发展国民经济的第一个五年计划已经完成和超额

完成。这是我们工人阶级和全国人民的巨大胜利,由于这个胜利,在国际上,我们社会主义国家的和平力量又进一步壮大起来了。在中国共产党和毛主席的领导下,我们同全国人民一道,在和资本主义国家的和平竞赛中,争取更彻底的胜利!

我们是人口众多的大国。我们的经济和科学基础还相当落后,我们还必须努力,发展我国的科学事业,坚持勤俭建国的方针,继续不断地艰苦奋斗,才能把我国迅速地建成为一个具有现代化的工业、农业和科学文化的社会主义强国。我们现在面临着更大规模的第二个五年计划的到来,我们要掀起一个新的生产高潮,来保证完成我们这个新的光荣任务。科学普及工作是社会主义国家的一个特征,是随着社会主义事业的发展而发展的,因而它为社会主义服务的重要性也是越来越显著的。在我们即将到来的新的生产高潮中,我们要努力掌握新的生产技术、新的科学知识,来更加提高劳动生产率。让我们两会会员共同努力,在党的领导下,发挥集体力量,进一步开展职工科普工作,迎接新的生产高潮,为实现第二个五年计划而奋斗!

1957 年 12 月 10 日

科学普及工作

　　最近在北京召开了一次全国职工科学技术普及工作的积极分子大会,每个代表胸前挂上了一个纪念章,上面图案是一个地球,上写着"向科学进军"五个字,地球上角是一支火箭,地球四周是一个人造卫星和它的轨道。火箭和人造卫星是现代科学研究的最新产物,代表着今天世界科学的先进水平。这当然是我们向科学进军的一个目标。有了火箭,人们就可飞出地球,或在人造卫星上,一面围绕地球旋转,一面回头看看老家,或者飞进月球,甚至飞进火星,做个宇宙旅行家,这该令人多么兴奋!而这并非幻想,眼看就要逐步实现了,我们说科学征服自然,这真是一个最好的例证。同时,这也说明了科学研究的重要,有了它,连上天都可以,还有什么其他办不到的事吗? 因此,我们要向科学进军,必须大力加强科学研究工作。

现在再举几个例子来说明今天的世界科学水平。（1）测量。老技术是用水平仪、经纬仪，凭人的眼力来观测距离；新技术是用飞机在空中照相，凭玻璃镜头和胶片来测量距离；最新技术是用"无线电测距法"，凭无线电波的反射来测量距离。可见测量的速度和准确性是越来越大了，而且以前很困难的跨海和海底测量，现在也轻而易举了。（2）试验。老技术是用机械性的方法，如测量材料强度的拉力、压力和剪力，就老老实实地用硬拉、硬压、硬切的方法；但新技术是利用光学或电学来量出材料的变形而计算强度，就更准更快了。（3）化学分析。老技术是凭化学药品的反应，在天平上衡量，但新技术是利用光学、电学、放射性同位素等等来做极准极快的微量分析了。（4）授时。老技术是凭地球引力的钟摆来测定时间，那只能准确到一年差一秒；但新技术是用石英钟，可做到一百年差一秒，甚至用电子振动，可以准确到三千年差一秒。（5）采矿。老技术是靠经验来勘查或在地下打铣，取出样品；但新技术是利用声波、电波、磁波等物理探矿方法。（6）人造纤维。棉花、羊毛和丝绸都是天然产品，但现在全可人工造成，而且所用原料是最便宜的煤或石油或天然气，再加上空气和水，所制成品比天然的还要好。（7）电视。如果电话是千里耳，电视就是千里眼，有了它可以在家中看到外面发生的事，可以看戏、看电影、看运动会。打电话时可以看到对方人影。而且现在已有天然五彩的电视,和电影一样了。(8)火车。最快的电力火车头每小时能走330公里,和旧式飞机的速度差不多。新式客车又轻又快,车内温度湿度可以自动调节,而且车身坚固,撞车时不易破碎。(9)自动化。现在工业生产,很多是全部自动化了,不但代替体力劳动,而且在一定条件下,还可代替脑力劳动,如电子计算机可以翻译文字和下棋,即是一例。

像这样的事例是数不清的,而且新的事例更是日新月异,飞速增长。它们之所以能成为事例,全是科学研究的结果,可见科学研究对于人类生活水平的提高,具有决定性的作用。现在世界上科学研究的情况是怎样的呢?科学研究的记录是科学论文。据说全世界属于自然科学性质的、按时出版的期刊共有两万六千多种,每年发表的科学论文约有200万篇,都是多少带有创造性的科学研究的报导(不包括普及性质的刊物)。这种论文的数量每年都在增长,据说每过十二年即可增长一倍,即使在1967年时,全世界自然科学的论文就有400万篇了,这是何等惊人的一个数字。从这种论文的增长情况来看,可见在今天,全世界都在向科学进军。在上面提到的纪念章的图案里,"向科学进军"的五个字是题在地球上的,这正说明了这个情况。同时,这也当然包括了我国在内。但是我们的进军,是要比其他先进国家更加艰苦的。由于历史原因，我国的科学技术本来是落后的，比如上面提出的几个事例，几乎全是国外的事，至于我们自己，几乎一切还在老技术里打圈子，当然也有新技术，不过为数不多。据说我们的科学技术比先进国家落后三十年，这就是说，在今后十二年内，我们在一些重要科学技术部门的发展上，要走人家四十二年的路，这是何等艰巨的任务！因此，为了向科学进军，我们必须大力开展科学研究工作，必须使我们的研究成果报导，能在将来全世界每年几百万篇科学论文中，占一个相当大的数字，来反映我们的科学水平。

有人说，我们现在是追赶人家的水平，尽不妨把人家的东西都先搬来，模仿照抄，不是一条捷径吗？最好的例子就是日本，它就是这样建立起科学技术的基础的。但是模仿也并不简单，也需要科学研究。而且，等到我们在刊物上看到人家的东西，那东西在人家已经不新了，因为刊物上报道的科学成果，多半是两三年乃至四五年前的事。因此，模仿是必要的，也是进军中必不可少的一个路线，任何先进国家也免不了要模仿别人，但这只是一个路线，只能解决局部问题，我们还需要做我们自己的创造性的工作，才能迎头赶上别人。

向科学进军的路线是很多的，最主要的是科学研究，包括技术上的创造。这里用了四个大家用惯了的名词，但究竟什么是科学，是技术，是研究，是创造呢？要下个确切定义是非常困难的。现在不求全面，把我个人的看法提出来，请大家指正。科学所讲的是客观规律和求得这些规律的方法，技术是科学在生产中的应用，研究是创造性的劳动，创造是水平的提高。科学研究的表现在新的客观规律的获得，技术创造的表现在生产水平的提高。

1958 年

试论专业科学与专门科学

——自然规律的生产系统化和学科系统化

多年来我在从事各项科学技术的工作中,时常感到对一些有关问题很难有明确具体的概念。比如:我的工作单位,最初称铁道技术研究所,后改称铁道科学研究院,究竟"技术研究"和"科学研究"有多大区别呢? 所谓铁道科学研究院,是铁道的"科学研究"院呢,还是"铁道科学"的研究院呢? 同样,建筑科学研究院、水利科学研究院等等的专业研究院,是各种专业的"科学研究"院呢,还是各种不同的"专业科学"的研究院呢? 当然,不同的专业有不同的技术,而技术是和科学分不开的,是不是所谓专业研究院就是技术研究院,而用科学两字来代表技术呢,还是因为技术不同,因而相关的科学系统也有所不同,专业的技术就形成专业的科学系统,专业科学本身就是一种科学,并非简单地只代表技术呢? 那么,这种所谓专业的科学,和一般所了解的所谓"技术科学"

有无区别呢（中国科学院就有技术科学部）？然而技术科学本身是统一的，不应当按各行各业来划分，如"物理力学"是一门技术科学，可以应用于铁道，也可应用于建筑。如果各专业竟然各有各的科学系统的话，它们也显然不是技术科学了。科学界里，有一句流行的话："自然界是一个整体，真理只有一个，科学只有一个。"现在已经有了一个分门别类的自然科学（包括技术科学），是不是根本就不应当存在着另一个所谓专业的科学呢？尽管有一点是可以肯定的——任何一个专业所需要的科学知识大都是从分门的科学里提炼而来的，但是提炼的结果是仅仅停留在把所需的科学知识综合成为各门科学的"混合体"，还是可以进一步把有关的各门科学综合成为某一专业的"化合体"呢？这个化合体能不能形成另一个科学，即所谓"专业科学"，而有别于现在已经按各学科形成的所谓"专门科学"呢？

又如，我们平常习惯于把科学和技术并称为"科学技术"，这当然不是指科学的技术，因为不科学的技术是不存在的，而是指二者并重的科学和技术，以显其关系之密，同时也指出它们之间也确有区别。问题在于当我们提到"科学技术"时，往往在前面带上一个专业的"帽子"，如铁道的科学技术、建筑的科学技术等等，好像只提铁道技术，还嫌词不达意，漏掉了技术里应有的科学而外的一些有关生产的科学，必须在铁道和技术之间，再标出"科学"二字，来强调铁道的科学和铁道的技术并不完全是一回事。如果铁道技术就应当包括所有需要的各门科学中应有的内容，那么，铁道科学为了把各种铁道技术系统化起来，就必然要包括一些现在各学科中漏掉的而与铁道密切相关的科学知识了。这样的铁道科学是不是就是上面所说的，属于铁道的一种专业科学呢？

又如，在技术革新、技术革命的群众运动中，全国各地在生产现场都展开了大规模的群众性的科学活动。这种活动当然别于业余教育中的科学学习，而是另指与技术革新、技术革命有关的科学研究。如果群众对各专门科学还没有来得及全面掌握，这种科学活动就不会是对某一门科学的孤立研究，而是对生产有关的很多门科学的综合研究。同时，群众的活动决不会脱离生产，他们的活动一定限于一个专业。那么，他们的科学活动就不是限于一门科学的活动，而是同一个专业有关的综合性的科学活动了，因此他们才能对技术革新、技术革命做出贡献。这种属于专业的综合性的科学活动，是不是就是有别于专门科学的专业科学的活动呢？

又如，我们各生产企业部门都有科学规划，规划里都有个奋斗目标：迅速赶上或超过世界先进科学水平。这里所谓水平当然不是指生产或技术，而是指科学，也就是自然科学。

是什么科学的水平呢？从生产部门来说,这当然不是专门科学。如数学、物理、化学,而是和它自己生产有关的综合性科学。我们单位就有个口号:"要攀登世界铁道科学的最高峰!"那么,所谓铁道科学是一种什么科学呢? 它的水平怎样才算先进呢? 光拿科学理论来比,是无从验证的,必须用生产实践来表现,才能分出先进与落后。如果这样来理解,我们所要在世界比先进水平的科学是一般所谓的专门科学呢,还是另一种如上面所说的专业科学呢?

又如,我们常说,自然科学没有阶级性,这里所谓自然科学当然就是一般所了解的专门科学,包括基础科学(如数、理、化)和技术科学。如果上面所说的专业科学是从各专门科学综合形成的,而综合是为了生产发展,既然生产发展是有阶级性的,为它综合而形成的专业科学有没有阶级性呢? 如果有的话,岂非专业科学就不成其为自然科学吗?

上面这些问题,虽说是因概念不明而引起,但如把科学工作中存在的一些具体问题联系起来看,那么,这些概念问题就会大有实际意义了。原来有些科学工作问题之所以产生,是由于把实际上是专业科学的问题当作专门科学的问题来处理的缘故。如果承认专业科学的存在并在各专业中把它建立起来,这些概念问题和工作问题就都会自然解决甚至根本不发生了。

究竟专业科学是不是一种客观存在的自然科学呢？我在学习毛主席著作中得到很多启示，越来越加强了我的这一信念：专业科学是客观存在的，只是还未曾建立起来。毛主席在《矛盾论》中说："科学研究的区分，就是根据科学对象所具有的特殊的矛盾性。因此，对于某一现象的领域所特有的某一种矛盾的研究，就构成某一门科学的对象。"矛盾性是规律，如果把生产当做现象领域，在这领域内研究规律与规律之间的矛盾性，不就构成一种专业科学吗？毛主席在《改造我们的学习》里说："'实事'就是客观存在着的一切事物，'是'就是客观事物的内部联系，即规律性，'求'就是我们去研究。"《实践论》里说："认识的真正任务在于经过感觉而到达于思维，到达于逐步了解客观事物的内部矛盾，了解它的规律性，了解这一过程和那一过程间的内部联系，即到达于论理的认识。"如果把"客观事物"理解为生产过程，"矛盾"理解为自然规律，"内部联系"理解为系统化，那么，在生产过程里按照生产程序把自然规律系统化起来，不就形成一种有别于专门科学的专业科学吗？专门科学是以自然规律的"学科系统化"为内容的，专业科学是以自然规律的"生产系统化"为内容的，两种科学所包含的自然规律虽然一样，但专门科学是按学科性质（如数学、物理、化学等）来把这些自然规律"系统化"起来的，而专业科学则是按生产过程（如冶炼、轧制、焊接等等）来把这些自然规律"系统化"起来的。换句话说，如把自然界的无数的客观规律比拟做儿童玩具的积木，那么，同一积木可以和一套积木搭成桥，也可和另一套积木搭成塔。积木虽一样，但可因不同要求而可有不同的搭法。如何搭就是如何系统化。系统化本身就是内部联系的规律，也是客观存在的。专门科学是按照学科性质的规律来把自然规律联系起来，而专业科学则是按照生产过程的规律来把自然规律联系起来。再拿药方做比喻，药在《本草纲目》里是按它的性质分门别类的，形成"药理"的专门科学，但在治病时，就要"配药成方"，治病就是生产过程，把药配成方就形成对"病理"的专业科学。一个药能治很多病，一个方需要很多药。这不是很明显地说明了，自然界除已有的专门科学这一种科学而外，还同时存在着另一种科学，即生产系统化的专业科学吗？为什么自然界的客观规律只容许按学科性质来系统化，而不能按生产过程来系统化呢？

现把这两种系统化的自然科学的特点和相互关系以及建立专业科学的重要性一并大胆提出，恳求读者指教。这些论点和提法很不成熟并且可能有严重错误，希望通过讨论批评来评价和纠正。

生产中来，生产中去，科学为生产服务

恩格斯说："科学的发生和发展从开始起便是由生产所决定的。"（《自然辩证法》，人民出版社1955年版，第149页）因此，科学就是劳动人民的生产总结，这个总结包括两个内容：一是自然界的客观规律；一是这些规律的相互联系，亦即系统化。自然界的客观规律是无数的，只有通过生产才被人们逐渐发现出来。其初是生产经验中接触到大量的、偶然的、零碎的自然界的各种现象，后来经过长期摸索，认识到这些现象的相互关系，而这种关系在同样条件下是不变的，并且把这些关系应用到生产就得到生产上的反映，因而从认识自然的经验发展到改造自然的经验。同时，"知其然"的经验中也有一些逐渐发展为"知其所以然"的理论，"从感性认识跃进到理性认识"。就这样，群众对生产的经验愈丰富，对自然界的认识也愈益深化，要对每一生产过程发现其中自然规律，并"了解这一过程和那一过程间的内部联系"。这样认识的结果就在生产中积累了大量的朴素的科学知识，这种知识之所以成为科学的，是因为它们是有规律的，而且规律与规律之间还有一定的联系。它们是从实践中整理出来并且经过实践检验的。对某一种生产而言，这种知识就应当属于这

一种生产的科学。如果有一种生产的这种知识非常全面，竟然构成一个完整的系统，那么，所有这种知识集中起来，就应当形成上面所说的，属于这一种生产的专业科学。在我国的农业和医学里，就有一些属于这样的专业科学的雏形。但是，仅仅凭一种生产的经验，而这种生产又还未充分发展，这样的专业科学是建立不起来的。从单一生产中获得的自然规律是会有片面性的，而且也不可能获得所有应有的自然规律，更谈不到应有规律之间的完整的系统化。要在生产中建立起这样的专业科学，必须经过一个历史发展过程，主要表现在两方面：一是按照学科系统化的专门科学的建立；二是奠定社会经济基础的生产力的解放。

专门科学是以生产中的科学知识为基础而发展起来的，其发展的道路是学科系统化，就是把自然规律所构成的科学知识按照"学科"分类，然后使每一学科的内容日益充实，并找出有关学科之间的相互联系，亦即学科与学科之间互为影响的规律性。所谓学科就是关于物质的某一种运动形态的科学。运动是物质存在的形式，运动形态就是物质本性的表现。恩格斯说："每一种科学都是分析单个的运动形态或一系列互相关联和互相转变的运动形态的，同时科学的分类就是这些运动形态本身之依据其内部所固有的次序的分类和排列。"（《自然辩证法》，人民出版社 1955 年版，第 209 页）

"当我称物理学为分子的力学,称化学为原子的物理学,并且称生物学为蛋白质的化学的时候,我是想借此表示这些门科学中的一门到另一门的过渡,从而表示两者之间的联系和延续以及差异和中断。"(同上,第211页)物质运动的形态当然是千变万化的,因而科学的分门越来越细,学科的数目越来越多,大学科里有小学科,主要学科四围有附属学科,几个学科交叉便产生边缘学科,等等。然而所有各门科学都有一些共同的特点:(1)每一学科的内容限于自然界现象中所有物质的一种运动形态,因而每一学科所包括的自然规律即以物质的一种运动形态为系统。(2)每一自然规律即是某些运动形态的辩证关系,由于这种关系是有普遍性的,是举一反三的,因而学科里所指的事物都是从自然界现实里分离出来,经过了简单化、形式化、抽象化的加工的;由此而形成的科学模型是自然界里并不存在的。然而这些模型所代表的运动形态并不因抽象化而有所变更。(3)各学科的内容虽以生产中的经验总结为来源,然而由于系统化的缘故,从理性认识上的推演和深入,有许多知识是先有理论,然后再为实践所验证的。最著名的例子如门捷列夫的化学元素周期表的发现、从天王星的运行轨道与计算不符因而发现了海王星等等。(4)所有学科都以改造自然为主要目的,因而都与生产有关系,关系愈密切的学科发展愈快,新的学科引出新的生产,新的生产也培养出新的学科。自从 15 世纪哥白尼把科学从神学中解放出来以后,世界各国科学家为了认识自然、改造自然付出了极大努力,做出无数贡献,遂使自然科学繁荣滋长,直到今天的原子能时代。

自有近代科学史以来的所谓自然科学都是学科系统化的专门科学。事实证明,学科系统化的工作对于推动科学的发展是个极其巨大的动力,同时在科学为生产服务的过程中也具有提纲挈领的指导意义。专门科学是从生产中来,到生产中去的,在它为生产服务的历史途程中,学科系统化起了无比重要的桥梁作用。

学科中来,学科中去,生产为科学服务

生产中有技术,技术中有科学,相关的技术与技术之间更有科学知识在生产上的联系。生产中的技术表现在改造工业原料和农作物种子的过程,在这过程中,通过属于物理、化学、生物等性质的加工(包括人为的和自然的),物质的运动形态,由于相互推动和相互制约,有了错综复杂的变革和转化。技术是科学和工艺条件的综合表现。工艺是"知其然"的经验,而科学则是"知其所以然"的理论。这里所谓科学应当指自然界的客观规律和其系统化。是什么系统化呢?

当然不是学科系统化。在生产中所应用的科学,按学科门类言,是综合性的,也就是不论同时需要或先后需要的大量的自然规律都不是属于同一门学科的,不同一门的学科如何能用仅属一门的系统来联系呢? 可见,平常所谓科学应用于技术,应用于生产,这里所谓应用实际上只能指专门科学中自然规律的应用,而不可能指专门科学中学科系统化的应用。学科系统化只能应用于学科本身,而不能应用于生产。比如儿童搭积木,积木相同,搭法各别。那么,在生产技术中,从专门科学里吸取来的大量的自然界的客观规律,该按什么"内部所固有的次序"(恩格斯语)来分类和排列呢? 毫无疑义,这个次序应当就是生产内部所固有的次序,也就是"生产系统化"的次序。

生产有一定的过程,其技术就有一定的次序,因而每一种技术里和各种技术之间的自然规律就必然跟着会有一定的系统。在生产所需的各种技术里,这个科学系统,加上工艺条件和措施,就构成各种技术系统,科学系统是技术系统的骨干。同时,各种技术的科学系统按照生产程序联系起来,就形成整个生产的科学系统。这个生产里的科学系统和学科里的科学系统有何根本区别呢? 同样的自然规律为何因学科和生产的不同就会有两种不同的系统呢? 这表现在三个方面:(1)系统化要求归纳分类,同一个自然规律,在学

科里,是按其性质,和同一性质的其他自然规律放在一起的;
而在生产里,是按其对生产的作用,和其他有同一作用的自
然规律放在一起的。在学科系统里,同一个性质的自然规律
可对不同生产发生不同作用;在生产系统里,发生同一作用
的自然规律可有不同的学科性质。在自然界错综复杂的无
穷现象中分析出各种不同的客观规律是归纳分类工作的第
一步。但无论分析或分类,都要先有一定的标准。分析就要
根据某一标准,求出自然现象中相互联系和相互制约的内在
关系。关系就是规律。可以按数量变化关系求出量变规律,
也可按质量变化关系求出质变规律。规律和规律之间还有
联系,这个联系也要按一定标准分成系统。可以按自然形象
中的物质运动形态,分成学科系统;也可按生产过程中的物
质运动作用,分成生产系统。同一个自然规律,可以"归"学
科而"纳"入"分子形态"之"类",也可以"归"生产而"纳"入
"催化作用"之"类"。"归类"就是"综合",也就是"分析"的
"对极"(恩格斯,《自然辩证法》,人民出版社 1955 年版,第
185 页),这个分析和综合的对极的辩证关系,存在于学科之
中,也存在于生产之中。每一个自然规律是事物矛盾的"个
性",每一个学科或每一个生产过程都充满着自然规律,就是
都有事物矛盾的"共性",学科和生产的矛盾共性都存在于自
然规律的矛盾个性之中。(《矛盾论》)(2)系统化要求按序

排列,同一个自然规律,在学科里的重要性决定于其抽象化的程度,越抽象的应用越普遍,适用的生产越广,因而越重要,形成系统的"根株",次要的就形成"枝叶";但在生产里的重要性决定于其对生产的作用,越能结合具体要求,越有关键性的越重要,成为系统的"根株",离关键较远的就成为"枝叶"。因此,同一个抽象的科学模型在这个系统是"根株",在那个系统就可能是"枝叶"。当然,这里所谓"抽象"和"具体"是辩证的。恩格斯说:"运动形态变化的一般规律比运动形态变化的任何个别'具体'例证更具体得多。"(《自然辩证法》,人民出版社 1955 年版,第 184 页)因此相对于生产里的所谓"抽象化",在学科里,就应当是"具体化"。学科里和生产里的自然规律的"根株"与"枝叶",从总的方面讲,还应当是一致的。除了重要性而外,各个自然规律在学科里和在生产里还有因果关系的区别。在学科系统化的工作里,必须求出每一个自然规律的"来龙去脉",然后按这因果关系把它和其他规律按序排列起来。在生产系统化的工作里,也应当是一样的。不过这个"龙"和"脉"不是物质运动的形态关系,而是生产过程中发生作用的先后关系。每一个作用之所以产生以及产生后对下一个生产程序的后果,都一定要受自然规律的支配。实际上,每一种生产之所以要有这种过程而非其他过程,就因受了自然规律的来龙去脉的限制。所谓生产中的技术系统就是由这样的自然规律的按序排列所决定,也就是由自然规律的生产系统化所决定。可以肯定,这个来龙去脉和上面所说的根株枝叶是一致的。(3)系统化要求充实完整,必须根株枝叶齐全,才像一棵树。然而科学里已经发现的自然规律究竟是有限的,把所有规律,无论放在学科系统里或生产系统里,要它们形成某一品种的一棵"树"时,总不免有所缺漏,就像搭积木,方圆总配不到一起。在学科系统里,这种缺少的自然规律,正在利用系统的规律性来逐渐补全,就像利用化学元素周期表来发现尚未发现的元素一样;但在生产系统里,这个工作还未开始。从以上三个方面看来,如果生产里有个科学系统,有别于学科里的系统的话,这两个系统是不会一样的。

但是,从严格的科学意义上来讲,自然规律的学科系统化和生产系统化的两种工作,在本质上是对立而又统一的。到现在为止,之所以只有学科系统化的工作而无生产系统化的工作,是完全由于社会历史条件的限制,而不是由于科学条件的限制。从历史条件说,现在的自然科学是在专家学者手中发展起来的,是在学院学会中成长起来的,因而只能走学科路线,一切从学科出发。这是受了封建和资本主义社会制度的影响。在社会主义制度下,生产力大解放,脑力劳动与体力劳动的差别日益缩小,一切从实际出发,从生产出发,那么，在生产里寻出自然规律，并把规律按照生产路线来系统化，也就成为一种必然趋势了。这就意味着，自然科学可在学科路线和生产路线上同时发展，更好地为科学和生产服务。从科学条件说，所谓学科，无非是分门别类的意思，"科"就是一门或一类，只要概念清楚、标准严格、系统分明，不但可以按照物质运动形态，把规律分成科，即成所谓学科，同时难道不可以按照生产过程中的作用，也把有关的规律分成另一种"科"吗？一个科可以有学科上如物理、化学、数学等等不同的性质，然而难道不可以有生产上如冶炼、轧制、焊接等等不同的性质吗？"科学"就是"科"的"学"，为什么所谓科就一定要限制于现在一般所了解的"学科"呢？进一步说，就是自然科学与社会科学中的真理也只有一个，只是由于在生产斗争和阶级斗争中的对象不同，所需要的客观规律也就有不同性质，因而有不同的系统化，然而"其成为学科则一也"，为什么同属自然科学的范畴里，就不能有按照生产过程的不同性质的"学科"呢？这样一来，生产系统化也可当做学科系统化工作的一部分，而不同的系统化工作也就无损于自然科学的整体性了。

并且，生产系统化的工作，对于学科系统化，不但无害而且是有益的。学科系统化的工作对于自然科学的发展，无疑是有过巨大功绩的，其功绩即在于对无数的自然规律进行归纳整理、充实提高的加工,使各学科内容日益丰富,日益趋于完善。然其最终目的仍是为了生产,而在应用于生产时,还须将各学科中的规律拆散,使各自适应于不同生产的需要。既然如此,如果能在生产中就把所需的自然规律,也来归纳整理、充实提高一番,以便直接应用,不是一种更切合实际的系统化工作吗?自然规律的可贵,不仅在于使学科系统完整,而且也在于使生产技术发挥更大作用。通过生产系统化的工作,对有关规律进一步地"加以去粗取精、去伪存真、由此及彼、由表及里的改造制作功夫",不是对学科系统化工作的一种帮助吗?没有生产系统化的工作就缩小了自然科学的应用范围,辜负了生产为科学提供养料的实践经验。只有学科系统化和生产系统化的两种工作同时并进,才能真正说明自然界的整体性,真正认识到客观真理的全面性。

由于系统化的工作也是对自然规律进行充实完整,消灭薄弱环节的过程,在生产中把自然规律系统化起来更有它的特殊意义,决非学科系统化所能单独做到的。生产技术是有关学科的综合应用,然而生产的复杂性却远远超过学科,所需要的规律绝非学科所能全部供应。拿炊事工作做比喻,烹调是个技术,有它的系统,从选料调味起到烧成熟菜止,有一系列的步骤。但按照同一菜谱去做,不同技巧烧出不同的菜,其中必有科学道理。技巧是经验,而经验中就有理论。

科普工作 | **265**

凡是菜谱中提到的技术,其相关的自然规律虽可从学科系统中找到,但和技巧经验有关的一些自然规律,却是只可意会而不可言传的,只可在生产中意会而不可在学科里言传。这是什么原因呢?就因有许多在学科里认为是"细枝末节"的小道理,不值得系统化的自然规律,而在生产里却正是关键所在的重要理论,不在生产本身里把它们分析总结起来,学科是永远不会去管的。能把同样原料烧出更好的菜,为了这样一件大事难道还不值得把那些"小道理"在生产里探索出来并把它们系统化起来吗?

其实,尽管像烹调这样的"小生产"好像无关紧要,然而学科系统化的专门科学的发展终究是由生产决定的。"自然界的变化,主要地是由于自然界内部矛盾的发展",而这种矛盾发展只有在生产实践中,"善于去观察和分析",才能认识并解决,由此找出各种自然规律,这才逐渐丰富了科学的内容。正因如此,在近代工业兴起以后,专门科学就突飞猛进,而到了今天宇宙航行的时代,学科的增长更是万紫千红。什么是这里面的推动力呢?是社会生产力的发展。生产是滋养学科的源泉。当然它更是培植本身系统内的专业科学的土壤。在无比优越的社会主义制度下,生产力大大解放,学科系统的营养更加大大提高,这就为生产系统化的专业科学提供了必备的足够的建立条件。生产技术中的自然规律过去都来自学科系统。可以肯定,生产系统化的专业科学里必然会产生自然规律反馈到学科中去。生产系统本身就是一个科学创作的熔炉,可以冶炼出无数的自然规律来提高科学水平,正如毛主席指出的文学艺术的来源一样:"人民生活中本来存在着文学艺术原料的矿藏。"因此,专业科学应当是学科中来回学科中去的,在生产为科学服务的历史途程中,生产系统化就可起一定的催化作用。

专门科学与专业科学

在学科系统化的专门科学已经发展到尖端科学的今天,生产力大解放已经形成大跃进的我国,生产系统化的专业科学应当到了开始建立的时期了。

专门科学与专业科学都是自然科学,因为它们同以自然界的客观规律和规律的系统化为内容。必须指出,系统化的重要性并不亚于规律本身,没有系统化,如同一部字典没有字母顺序一样,规律就很难应用。就因为系统化的不同,同一自然规律就可分别属于两种科学而发挥更大作用。如把科学工作比做下棋,每个自然界的客观规律当做棋子,那么,棋子总是下在横线直线交叉点上的,所有横线构成横的系统,所有直线构成直的系统,每个棋子就和两个系统同时发生关系,既要在这个系统上按东西方向摆阵势,又要在那个系统上按南北方向摆阵势,在整个一盘棋中,每个棋子就因它的经纬度定出它的重要性。同样,每个自然规律要在整个科学工作中全面发挥作用,就要在有经有纬的两个系统中都占有适当位置。在这个系统中起战略作用,在那个系统中就可起战术作用。自然科学中有了学科系统化的专门科学和生产系统化的专业科学,就能"两条腿走路"。

专门科学与专业科学都为生产服务,同时也都因生产发展而成长。通过在生产中系统化的工作,各学科中有关的自然规律就由"个体"而组成另一范畴的"群体",这里面的量变就会引起质变,如一个规律的适用范围变更了,并且由于混合化合、相互渗透的结果,在生产中还会出现学科的新的生长点和探索方向,滋长出新的技术科学、边缘科学或尖端科学。而新的学科又会指出新技术、新生产的途径。这就是在近期远期结合的要求下,通过"任务带学科"和"学科带任务"的方式,专门科学与专业科学就可各显所长,密切结合而相得益彰,从而加强了自然科学的整体性。专门科学的系统以贯串学科的性质为特点,形成"条条科学";而专业科学的系统则布满一种生产的全面,形成"块块科学"。专门科学是数百年来主要从学院式研究发展出来的,不可避免地受了唯心主义的影响,因而它的发展公式主要是"理论—实践—理论"。专业科学要在生产中形成并生根，参加形成工作的有生产中的广大群众，它必然是从生产实际出发的，形成"生产第一线"的科学，因而它的发展公式就必然是"实践—理论—实践"。将来在我国建立起的专业科学，由于生产技术有土有洋，这个科学也可能是土洋结合的，如同正在建立中的我国新农学、新医学一样。但这在专门科学是不可能的——学科性质不可能有土洋之分。由此还可进一步理解，虽然自然规律本身是没有阶级性的，但当它和其他规律为了某一目的而组成系统时，这个系统就可随着不同目的而有不同的阶级性。如果目的是为了学科性质的分类，这个系统是没有阶级性的，这就是专门科学；如果目的是为了生产技术的发展而发展，是有两条道路之分的，那么为了这个目的而形成的系统就可能被打上阶级的烙印，这就是专业科学。比如我国创造的"鸡刀割牛"式的"蚂蚁啃骨头"的新技术是世界所无的，将来由此而发展出比洋法更好的技术也是可能的，这种"蚂蚁式"技术系统里的科学系统，难道是资本主义所能采用的吗？难道没有阶级性吗？因此，不同阶级的生产系统就可形成不同阶级的专业科学。

专门科学与专业科学是经过不同的系统化工作而把自然界的客观规律"配件成套，配套成龙"的，"件"是自然规律，"套"是学科中的各门或生产中的各业。专业科学，因先有

"技术配套"的基础,虽是晚出,其发展速度必可赶上专门科学,把这专门科学与专业科学的两套自然规律配成整个自然科学的"一条龙",这条龙就必然要比仅仅一套学科的龙,更加活跃,更能盘旋飞舞了!

生产、教育和研究三结合中的桥梁

专业科学是生产第一线的科学,是土洋结合的科学,是以"实践—理论—实践"公式发展起来的科学,因而它和专门科学比较起来,就是更加结合实际,更能联系群众的,因为它本身就是在生产实际中,在从事生产的群众中"发生和发展"起来,而非仅仅"由生产所决定的"。这样,专业科学就能更好地为生产、为教育和为研究而服务。

在生产方面:为了扩大数量、提高质量和增加品种,就要大搞技术革新、技术革命来提高劳动生产率,而掌握技术中的所有有关的科学知识,就是巩固成果、推陈出新的一个重要措施。科学知识是武装劳动人民进行生产的重要武器。什么是科学知识呢?不是专门科学中有关学科的系统知识,因为有关学科太多而每一学科的系统知识又很丰富,要想全面掌握是不可能的。这种科学知识只能是专业科学中有关这一生产在这一过程中所担任这一生产任务的系统的科学知识,要想全面掌握这样的知识是完全可能的。这样的知识就是生产系统化而非学科系统化的科学知识。由于专业科学中的知识是有关自然界客观规律按照生产程序而系统化了的知识,这种知识在性质上和程度上就必然是和生产任务相适应的,它是把生产中知其然的经验上升到知其所以然的理论的,因而它就是开展技术革新、技术革命的一个重要的积极因素。这样,专业科学的掌握就成为提高劳动生产率的一个重要条件。

在教育方面:在我国全日制的各级学校中,所学习的自然科学都是传统的学科系统化的专门科学。在教育与生产劳动相结合方针的指引下,对这样系统化的学习,在教学改革运动中,已经发现了许多问题。在教育制度中,对于科学技术课程的先后安排次序,向来有一个几百年的传统,这就是,既然数学、物理、化学等课是基础理论,就应当先学,而生产中的专业技术,既然是科学的应用,就应当后学,这样才能符合学科系统化的要求。但是,这样的学习次序如何能和生产实践相结合呢? 第一步学习的是几个学科中的抽象化的基础理论,而第一步实践的是生产中最简单技术的具体操作,它们之间是有很大距离的。如果按生产系统化的程序来学习,按照专业性质,在生产劳动中有了什么技术实践,在教育中就学习什么科学理论,这种在专业基础上理论化的学习程序不是比在理论基础上专业化的程序更为符合《实践论》中"实践、认识、再实践、再认识"的指示吗？符合这种学习程序的科学就是生产系统化的专业科学。这种专业科学，对于边干边学的"结合生产、因材施教"的各生产企业中的业余教育，更为适合。而且如果必须要掌握某一学科的专门科学，在已经学习了的某一专业的专业科学的基础上来进行，也就必然会事半功倍了。就是在科学普及运动中，为了宣传科学，也只能针对宣传对象，采用在某一生产系统中或某一社会生活系统中有关各学科的综合知识进行演讲，而不能局限于分学科的、先理论后专业的方式。甚至在中小学的文化学习中，也只宜按照生产系统化的精神，就日常生活中的感性知识，进行学科综合的科学教育。因此，专业科学应当是各种教育中最能结合生产劳动和生活实践的学习对象。

在研究方面：聂荣臻副总理在《我国科学技术工作发展的道路》一文中说："要解决任何一个工业或农业中的问题，都牵涉到许多门学科……不综合地进行研究，就不可能全面掌握客观事物的规律，解决实际问题。应当把综合研究和分科研究结合起来，在综合研究的前提下，充分发挥分科研究的作用。"这段话正确地指出了专业科学和专门科学在科学研究工作中的作用和相互关系。因为所谓综合研究就是对生产系统中某一环节的问题而言，这个问题所牵涉的自然规律是隐藏在上下左右的自然规律的包围之中的,这个"上下左右"是生产中的系统关系而非学科中的系统关系,但那里的规律本身又是具有各门学科性质的,要发现这些隐藏的规律,就要了解它和上下左右的关系,还要了解上下左右各个的内容,也就是既要了解这些隐藏规律在生产系统中的作用,又要了解它们在学科系统中的性质,因此就要针对这隐藏规律,把属于专业科学的综合研究和属于专门科学的分科研究结合起来,并且专门科学的研究是要在专业科学的前提之下进行的。最近,西北农学院组织了 14 个专业,同 58 个公社建立起协作关系,用长年蹲点和巡回考察的方法,系统全面研究各农作物所受"八字宪法"的影响,解决了很多问题,就是一个很好的例证。反之,有些专家孤身到了现场,对技术革新、技术革命中的成就竟不能做出科学总结。这是因为一般专家都是专于一门或几门学科的,不可能对生产中所牵涉的全部学科都了解。但是,如果研究生产中的任一问题都要像西北农学院那样,组织全班人马浩荡前往,那又是不可能的。在这里,人民公社解决了这个问题,他们自己成立了各种科学研究单位,自己进行研究,遇到难题,再请教专家。一般地讲,所有人民公社的科学研究都是属于某一种生产的专业科学的综合研究,而非属于各学科的专门科学的分科研究。只有遇到了个别学科中的问题,才要请教那一学科的专家。既然公社所要研究的都是生产第一线的、土洋结合的、实践公式的科学，而非仅仅技术，那么，对所有工农业生产而言，专业科学就可能是最普遍的研究对象了。

在生产中所要掌握的、在教育中所要学习的和在研究中所要进行的都是这个生产系统化的专业科学，而生产、教育和研究是要三结合的，在这三结合中，专业科学就可能成为一座不可缺少的"桥梁"了。

政治、经济和科学三结合的产物

科学路线是由政治路线和经济路线所决定的。科学要为无产阶级的政治服务，要为全社会的经济基础服务，它必然是要从生产实际出发的并且要成为广大人民群众自己的切身事业。经济进了科学，生产就成为科学的主人，不必在科学上总是跟着学科走，让学科中先有理论，然后自己才能实践，而可创立属于自己的科学，在生产现场自己发现矛盾，分析矛盾，解决矛盾，把自己的经验总结为理论。不但解决自己的问题，而且还为学科服务。这样在生产本身中发展出来的科学就会有阶级性，就会成为经济基础的上层建筑。比如，用"集中优势兵力打歼灭战"的方法而得到一种新技术，这技术中的自然规律的系统就不可能是在私有制经济基础上所能发现或所需要的。属于生产自己的科学就是专业科学而不可能是专门科学。

政治进了科学而且挂了帅,科学就有了灵魂,就能更好地走群众路线。属于生产的科学就是群众自己的科学,易于学习,易于掌握,成为生产第一线上进行战斗的犀利武器。在技术革新、技术革命运动中,群众有了自己的科学,就能更好地发扬智慧,不但创造成果,而且能用理论来总结经验。人多势众,多中出精,群众的科学就能蒸蒸日上。这种群众性的科学活动遍及全国,就实现了"全民办科学""全民向科学进军"的口号。因为全国人民都在生产中劳动,如有生产系统化的,属于生产自己的科学,全民都在这种科学中生活培养,那就能真正人人动手,人人办科学了。全民所办的科学,政治旗帜必更为鲜明,政治力量必更为强大。属于广大群众的,能为全民所掌握的科学,只能是专业科学而非专门科学。

这样,科学就能更好地同政治、经济紧密结合起来,专业科学就是政治、经济和科学三结合中的一个产物。

技术革命中的科学革命

专业科学是社会主义建设中对生产斗争所需要的客观

规律及其系统化的自然科学。每一种生产企业有一种专于这一业的专业科学，大企业中有小企业，大专业的科学里有小专业的科学，只要形成一个生产系统，如果有足够的服务对象，就可在这系统中建立起相关的专业科学。比如螺丝钉是个小东西，然而用途极广，经过标准化之后，就可形成一种大生产，需要大量机械设备和劳动力，那里面的技术提高一步就有很大节约价值，为了这样小东西，还不值得建立起一种"螺丝钉科学"吗？不要看它小，它牵涉到数学、物理、化学、冶金、力学、机动学、机械学、电力学等学科，但从每个学科取来的自然规律却不多，问题是在如何把这些规律按照生产的程序系统化起来。可能为了高质量的精密螺丝钉，如钟表仪器所需，还要向尖端科学讨答案，这部螺丝钉科学的内容也就够精彩的了。

应当承认，建立起任何一种生产的专业科学，都是个极其艰巨的任务。需要这种生产里的工人总结出经验，需要有关学科的专家解答问题，更需要政治挂帅，由党员领导干部来组织力量指挥作战。经过这样三结合，必然能为专业科学写出专书，包括"定性知识"和"定量知识"。通过这个工作，不但专业科学就可初步形成，而且参加的工人得到学科知识，专家得到生产经验，大家都同时受到教育，补了课，这是个一举三得的富有历史意义的科学任务。现在各学科的专门科学是经过长期努力才建成的,有的经历了几百年,但我们的专业科学的创立,经过革命干劲和求实精神相结合,必可在很短期内完成。这样创立的专业科学就是我国人民自力更生、独立创造的一种表现,就是我们新中国的新科学!这种科学一定是先进的,一定可以超过世界先进水平!

我国技术革命的主要任务是:把"全国经济有计划有步骤地转到新的技术基础上,转到现代化大生产的技术基础上"。此专业科学就是这种技术基础的一个科学内容。我国文化革命的主要任务之一是"建立一支成千万人的工人阶级的知识分子队伍。其中包括技术干部的队伍(这是数量最大的)、教授、教员、科学家"等等。专业科学又是我们技术干部、教授、教员、科学家们所要掌握的一个科学内容。因此,专业科学的建立可能是我国技术革命的一项共同任务。从技术革新、技术革命的运动中我们意识到现行的专门科学中有许多形而上学的唯心观点需要清洗,也就是要在专门科学中进行科学革新。同时我们又意识到从科学理论上来总结生产中发明创造的成果似乎还缺少一种有力武器。这个武器是否就是生产系统化的专业科学呢?要不要在我们伟大的技术革命中,再来个科学革命呢?

原载 1961 年 3 月 6、7 日《光明日报》

试论自然科学中的土洋结合问题

——生产系统中的自然规律及自然规律的生产系统化

　　自然科学中也有土洋结合问题，里面为何能有土和洋的问题，难道它有土科学、洋科学之分吗？这是不是一种奇谈怪论呢？本文就这个问题，谈谈个人的见解。

　　"土"与"洋"，原是旧中国的旧概念。那时，把本国生产的东西叫做"土货"，从外国输入的东西叫做"洋货"。本来，土货不一定坏，洋货不一定好，但由于帝国主义的侵害和压迫，在半殖民地的旧中国，竟会无形中养成一种自卑感，把洋的都当做好的，土的都当做坏的。如说洋式的、洋派的就是"文明"的，而土式的、土气的就是不体面的。但是，解放后人民都翻身了，这个土洋名词也跟着翻了身。在生产技术中，不但时常提到"土洋结合"，有时还提出"以土为主"，这里面丝毫不含有谁高谁低的意义，只是说明有两种不同的生产方法而已。这两种方法究竟有什么不同呢？虽有不少解释，但很难确切指出它们之间本质上的差别。

最普遍的说法是,根据地理概念来划分,把自己的方法叫做土法,而把外来的方法叫做洋法。在国际的文化交流中,生产方法总是相互介绍的,同一方法,在此为土,在彼为洋,时间一久,土里有洋,洋里有土,它们之间的差别,也就日渐模糊了。

其次,根据历史概念来划分,把古老的方法叫做土法,新兴的方法叫做洋法。但习惯上,往往认为新法胜于旧法,否则新法就无从出现,这个说法,偏激了一些,不够正确。因为新法旧法应该各有特点,才能两法并存,古为今用。

第三,根据生产需要的物质条件来划分,比如说,需要机械设备少的为土法,多的为洋法。这就是把机械化的程度当做划分标准。其实不论土法或洋法都需争取机械化,都需提高劳动生产率。

第四,按照需要劳动力的多少来划分,比如说,劳动力多的为土法,少的为洋法。这和机械化的说法是同一论点,只是在措辞上不同而已。劳动力可以替代机械,但只能是暂时现象,而不可能是一个方法的特点。

第五,按照生产中所需工作程序的简繁来划分,比如说,程序简单的为土法,复杂的为洋法。这也是不对的。如果洋法的程序复杂,它为何能在生产中立足呢? 如果洋法的机械化程度高,它的生产程序就不可能比土法复杂了。如果真的比较复杂,它的生产成品就不会和土法是一样的。

第六,是从时间概念来划分,认为土法是暂时的,而洋法是长久的。这个概念是在洋法胜于土法的假设下而形成的,当然是没有根据的。比如,中医是土法,西医是洋法,能说中医是暂时的而西医是长久的吗?

说来说去,土洋之分除去在地理或历史概念上比较清楚而又无甚作用外,仍然是很难对它下个确切定义的。一个方法总有它的特点,它更不应随着人们的意识而转移。土洋不但有区别,而且要结合,能否从这个矛盾观点,进一步地找出它们的特点和相互关系呢?这个矛盾应当存在于相关的科学技术中,也就是在不同的应用方法上。如果因有不同的科学应用就产生不同的生产方法,那么,在自然科学的发展中,如同在生产中一样,是否会因有土洋的不同作用而就有土洋的结合作用呢?这里面牵涉到很多有关科学的概念问题,值得澄清。现将我个人的一些不成熟的意见,大胆提出,恳请读者批评指正。

土洋结合即理论与实践的统一

在生产中,土法和洋法是有共同目的的,即是为了同一产品或同一作用,但它们的技术不同,表现在不同的程序和措施上。这不同的程序和措施是怎样形成的呢？一般说来,洋法是先有理论然后实践的,而土法则是先经实践然后才有理论的。洋法是从理论出发,经过研究,完成了生产程序,然后才在生产实践中得到验证的。土法是从实际出发,根据经验,完成了生产程序,然后再经理论总结而得到推广的。两个方法都是科学的,都是要理论与实践一致的,然而它们的发展公式不同,所需的技术措施(如机械设备、生产工艺、辅助工序等等)也就会大有差别。两种方法虽是为了同一目的,然而质量、后果、成本、工时和劳动生产率等等,也不可能完全一致。因此,两种方法一定互有优劣,不能笼统做出谁高谁低的结论。这是由于两种方法都有局限性,而这是历史条件所造成的。

一般所谓的洋法,最初都是从外洋输入的,也就是从科学比较发达的国家介绍来我国的。这些洋法,一般都是有科学理论做根据的,否则就不能远涉重洋而得到推广。当然也有些洋法,其中理论并不完全,还要在我国生产实践中来完成,但这样它们就含有土法成分。为什么一般洋法都是先有理论呢？近代科学的发展只是近两三百年间的事,在这以前,全世界的生产技术都是根据经验,自己的及外来的,而逐步形成的,也就是都是土法。在近代科学发展的过程中,最初是教授学者在学府学会中研究出理论,然后这理论为资产阶级所利用,引起工业革命,而工业的勃兴又反转来推动科学的前进。在这里,所谓新技术就是自然科学的"应用",因而在西方国家就有把科学分为"纯粹"和"应用"两种的传统观念。既然是应用,那就必然是先有理论而后才来实践。当然,教授学者的理论是从感性知识来的,而感性知识就离不开生产,所谓科学理论总是生产经验的总结,整个一部科学发展史就是生产经验不断总结的历史;然而对教授学者本身来说,所有这些关于生产的感性知识却不是从亲身劳动中取得,而是从书本里历代相传的资料中整理出来的,他是把这些前人总结的经验,当做既成事实而承继下来的,然后就在这基础上开始他的第一手工作,而这工作就是理论工作。等到理论发展到一定程度,他才开始实践,结合对自然界的观察、实验室里的实验和生产现场中的调查,然后再理论,再实践。他认为只有这样,才是"有的放矢","的"是理论,"矢"是实验,他要实验来迎合他的理论。如果实在迎合不上,他就只好移"的"来凑"矢"。经过多次实验,多次修改,直至理论和实验趋于一致时,他就完成了他的理论工作,而这也就是他的任务的完成。他可能是为科学而科学的。如果他的理论,幸而应用于生产,经过工人的劳绩而发展出一种新技术,这个新技术就成为洋法。在形成洋法的过程中,必然会碰到新问题,需要理论上的解决,这就是所有洋法的发展公式:理论—实践—理论。

但是,土法的形成过程就和洋法恰恰相反,它是根据生产经验创造出新技术,然后再总结其中理论,加以推广的。如果说,土法是老法,那么我国的生产技术,自古以来就有从实践到理论的传统。最明显的例证就是:我国的中医治疗法和老农的耕种法。由于我国历史悠久,文化遗产丰富,中医和中农的土法一般都有很大的功效,不然的话,按面积比例,为何我国会成为世界上人口最多的国家呢?所有中医、中农中的技术都是先有实践经验,然后再加以理论化的。以前曾有中医、中农"不科学""无理论"的谰言,现在是听不到了。中医、中农的技术中必然有理论,而且很多理论已经总结出来,则是无可置疑的,不过中医、中农的理论总结各用了一套独特的语言符号,不为隔行的科学家所了解而已。如果没有理论,技术就不能形成;理论没有总结,技术就不能推广。这是可以肯定的。同样,在我国工业生产中,历年来的技术革命、技术革新中的大量的创造发明,就属于土法性质,它们都是在实践经验的基础上发展出来的。这许多土法中的理论,有的已经总结出来了,有的还正在形成。凡是能推广的创造发明,一定有理论,而理论一定可以总结,则是没有问题的,问题只是在于生产中总结出科学理论还需要一个过程而已。

等到理论总结出来以后，又会碰到新的问题，又要依靠实践经验来解决。因此，所有土法都是先知其然，然后才知其所以然的，土法的发展公式都是：实践—理论—实践。

上述论点提出了一个对土洋之分的新观点，这就是：洋法是从理论到实践，从认识自然到改造自然，而土法则是从实践到理论的，从改造自然到认识自然。它们都是理论和实践统一的，然而如何统一的程序则是恰恰相反的。它们所以有这样的发展程序，是受了历史条件限制的，因为生产中的科学不是由生产者自己发展起来，而是借助于教授学者的，因而有的教授学者的理论不能在生产中实践，而有的生产中的实践经验一时又得不到理论总结。这样，不论洋法或土法就都是有局限性的，都是各有优缺点的。这两种方法在生产中同时并进，就会相互排斥，但由于截长补短，它们又可以相互结合。因此，洋法和土法是既对立而又统一的，它们是相互具有矛盾性的。

生产有简有繁，在简单生产中，一个土法或一个洋法就够用了，但在繁复生产中，不但需要几个土法或几个洋法，而更重要的是需要把土法和洋法结合在一起，或是先土后洋、首尾衔接，或是土洋都来、齐头并进，或是大中有小、土里有洋、洋里有土。为什么不能用一整套洋法或一整套土法来完成一个复杂生产过程呢？就是由于这两种方法各有其局限性。我们常说"土化洋"而不说"洋化土",好像总是土不如洋,其实土洋之间只有结合问题而并无转化可能。所谓"小土群"化为"小洋群"实是水平提高而并非性质改变。根据理论发展出的洋法技术,其作用即受理论的限制,根据经验发展出的土法技术,其作用即受经验的限制。要使每一步骤的技术都能发挥其指定的作用,就要选择最能发挥这个作用的方法,而这个方法就不一定是土法或洋法,最可能的选择是不拘一格,而土洋并用,就像农业中欲得优良品种,就要选配杂交一样。同时,生产中一连串的技术都要有一定的联系和制约关系,因而土法和洋法不但要各自发挥作用,而且要能相互结合,相互弥补其缺点。洋法中理论所不及之处,由土法中的实践补足之;土法中实践有片面性时,由洋法中的理论补足之。同时,洋法中从理论发展出的实践经验以及土法中从实践经验发展出的理论总结,一定也可联系配套。这样弥补配套的结果就使整个生产的全部过程,处处形成理论与实践的统一。理论与实践统一是土洋结合的基础,而土洋结合就是生产技术中的两条腿走路。

自然规律及其系统化

土洋之分表现在技术实践上的区别,即有关机械设备、劳动组织、生产程序等等的技术措施,各有各的需要和特点,但这是很显明的。不显明的是土法和洋法在科学理论上有所区别。首先应当肯定,自然科学是个整体,不可能在土洋两种方法中存在着两种不同根源的科学理论。为了同一生产而达到同一效果的土法和洋法,必然只能有一种科学理论的规律性,规律性不可能有土洋之分。既然如此,为什么中医和西医就好像有两种科学理论呢?而且,在工业生产中,土法和洋法是为了同一目的的,既然洋法已有理论,为何土法理论有所不同,需要另行总结呢?土法和洋法的科学理论如何能属于同一根源、同一整体呢?

表面上,中西医理论的区别和工业中土法洋法理论的区别,好像不是一回事。中西医所用的理论上的语言和符号完全不同,但工业中的科学并没有这种形式上的差别。然而,问题的本质是相同的。这个本质不能笼统地从理论这个名词上索解,而必须首先分析理论的内容,然后就这内容的各方面,在两个对立的方法中,加以比较。科学理论的内容有几个方面呢?至少有两个方面:一是自然界的客观规律;一是这些规律与规律之间的相互关系,也就是自然规律的系统化。当然,系统本身也是规律,然而这是和客观规律不同的,客观规律是自然界的现象与现象之间的关系,也就是不同的物质运动的形态之间的关系,而系统规律则是客观规律与客观规律之间的关系,也就是自然界不同规律的作用与作用之间的关系。仅仅自然规律的罗列堆积,不能构成科学理论,科学理论必须包括这些规律的系统化。同样多的同样规律在一起,可因不同的系统规律而构成不同的科学理论。比如儿童搭积木,同一套积木,可因不同要求而搭出不同的结构。积木是自然规律,如何搭积木就是系统化。中医和西医所用的自然规律是关于同一物质性质的,尽管所用的语言、符号不同,也就是它们所代表的自然界现象与现象之间的关系应当是同一的,然而中医和西医在同一治疗上所用的自然规律可能是不同的,而且纵然相同,所用各规律的先后次序,更可能是有很大差别的。这个差别就表现在同一自然规律的不同系统化,也可表现在不同自然规律的同一系统化。中医西医间的这种自然规律与其系统化的关系问题,同样存在于工业生产技术的土法和洋法中。但是,不论自然规律,或者自然规律的系统化,都服从于同一自然界的同一真理,也就是服从于同一个自然科学,因而中医与西医、土法和洋法,在科学理论的本质上是没有区别的,它们的区别只能表现在科学理论的内容上。

生产中有技术,技术中有科学,科学中有自然规律和规律的系统化。技术是科学和工艺条件的综合表现,工艺是知其然的实践经验,而科学则是知其所以然的理论总结。在生产过程中,各种需要的技术有一定的安排次序,构成生产中的技术系统,每个技术里的自然规律就跟着同一次序而构成生产中的科学系统。科学系统是技术系统的骨干。生产中的土法和洋法有不同的技术系统,因而它们就有不同的科学系统。这就是说,尽管为了同一生产目的,土法和洋法中所需用的自然规律和其系统化是可以不相同的。不但内容不同,而且发展程序也不相同:土法是生产中先有技术系统,然后按照这个系统规律,找出相关的自然规律;洋法是先有了自然规律,然后发展出技术系统再在生产中实践。技术系统的骨干是自然规律的系统化,这个系统化表明自然规律在生产程序里的联系,因而可以叫做自然规律的"生产系统化"。为了同一生产的土法和洋法可以有不同的自然规律和规律的不同的生产系统化。由于规律和其系统化同属自然科学的范围,因而土法和洋法的科学理论是属于同一根源、同一整体的。但是,土法是先有实践然后才有理论总结的,因而它的理论是先有规律的系统,也就是技术系统的骨干,然后才找出规律的;洋法是先有理论然后才在生产中实践的,因而它的理论是先有自然规律,然后在生产中发展出规律的系统化。土法理论表现在找出生产系统中的自然规律,而洋法理论则表现在自然规律的生产系统化。土洋结合既是为了完成整个生产程序,它在科学理论上就是要把土法和洋法中的两套自然规律和它们在生产中的两套系统化,按照生产实践过程,密切联系起来,形成整个生产的统一的科学系统。这个理论上的由系统到规律和由规律到系统的两种发展公式在生产程序中的配套统一,就是自然科学中的规律和其系统化的土洋结合。

生产系统化的专业科学

科学来源于生产而又反过来为生产服务,这种相互促进关系就同时推动了生产的发展和科学的繁荣。来源于生产的科学是怎样形成的呢?其初生产经验中接触到的大量的偶然的零碎的各种自然界现象,亦即是物质运动的各种形态。后来经过长期摸索,发现了这许多现象的相互关系,而这种关系在同样条件下是不变的,并且把这种关系应用到生产就得到生产上的反映,因而从认识自然的经验发展到改造自然的经验,这就形成了生产中的各种技术,发展出生产中的各种土法。同时,生产中群众的经验愈丰富,他们对自然界的认识也愈深化,因而积累了大量的朴素的科学知识。这种知识就是各种技术中关于自然规律的生产系统化的知识。由于自然规律的生产系统是和生产中的技术系统一致的,而群众对技术系统的感性认识是可以上升到理性认识的,因而他们是可以先总结出生产系统的科学知识然后再总结出自然规律的科学知识的。应当指出，从技术系统摸索出科学系统是比较容易的，而从不同的技术系统中摸索出可以普遍适用于各种系统的自然规律是十分困难的，而不了解规律就不能形成理论，这就是土法中所以难以做出理论总结的一个原因。可以相信，当生产中群众普遍掌握了自然科学的基础知识，通过在党员干部领导下的和科学技术专家的三结合，在生产系统中研究出有关的各种自然规律（先是定性的，然后是定量的），是完全可能的。并且，土法中很多的自然规律是可从现行科学中移用的。这样，所有土法中的科学理论，包括生产系统及其中的自然规律，就能全部总结出来了，这样总结出的理论就是在各专业的生产中发展出的自然科学，而这种科学是以生产中的技术系统为基础的，因而可以称为生产系统化的"专业科学"。显然，每一种生产系统应当有一个与之相适应的专业科学，每一种生产企业应当有它自己一套的自然科学，而这种科学就是在土法生产的技术中逐步形成的。这种在生产本身中发展出自然科学的前景，应当是生产力充分解放后的必然结果，也就是在社会主义制度下生产中的必然产物。

专业科学不是个新名词，但其含义不明确，可以解释为现有的自然科学在各种生产专业中的应用，也可解释为各种生产专业自有的一套自然科学。这两种解释有什么不同呢？生产专业中的自然科学里有自然规律及其系统化,现行的一般所谓自然科学里也有自然规律及其系统化。但是,两种科学里的自然规律虽然是同一的,而规律的系统化则是大有区别的。上面提过,专业科学里的系统化是把自然规律按照生产中的技术系统而系统化的,所以称为生产系统化;但是现行的一般自然科学里的自然规律则是完全按照另一标准来系统化的,这个标准就是所谓"学科"的性质,如同数学、物理、化学等等,其结果就是自然规律的"学科系统化",这样形成的自然科学就是现行的一般所谓"专门科学"。专门科学与专业科学同是自然科学,包含同一的自然规律,但规律与规律之间的安排次序大不相同,一是按照学科性质,一是按照生产程序,因而专门科学是学科系统化的科学,而专业科学则是生产系统化的科学。两种科学都来源于生产,都为生产服务,但其发展的途径不同,作用的效果也不一样。关于这两种科学的产生及其关系问题,我曾将我的不成熟的初步看法,写成《试论专业科学与专门科学》一文登载在北京《光明日报》上(1961年3月6日和7日),恳请读者一并批评指教。

专业科学当然是在土法生产的过程中逐步形成的,但是,洋法生产也同样是形成专业科学的同等重要的因素。洋法中的自然规律是在专门科学中研究出来的,是构成学科系统的要素,但经过生产实践,又成为构成生产系统的要素,因而洋法就在专门科学与专业科学之间起了桥梁作用。专业科学就是土法生产和洋法生产的共同产物。这个产物是在生产中发生和发展的,若不是由于历史条件的限制,生产中的群众很早就有较高的文化水平,专业科学应当是和专门科学齐头并进的。但是,生产中的群众和社会上的教授学者,在过去是没有同样条件的,当教授学者们发展专门科学时,生产中的群众对于专业科学是无能为力的,这就大大推进了专业科学的建立,直到今天的社会主义勃兴的时代。在社会主义制度下,生产力大解放,群众的政治觉悟和文化水平大大提高,生产系统化的专业科学应当到了"呼之欲出"的时候了! 将来的科学家,不仅成长于学校和研究机构,也可成长于生产现场了!

专业科学与专门科学的整体性

学科系统化的专门科学,亦即一般所了解的自然科学,是近两三百年来在教授学者手中成长起来的,它的发展公式是"理论—实践—理论",就和生产中的洋法一样。其在发展过程中,首先是关于自然界现象的资料整理,整理的目的有两个：一是对自然界错综复杂的现象，分析出各种不同的客观规律；一是按照学科系统，把这些客观规律归纳分类。分析和归纳是教授学者研究工作的开始。有了初步结果，然后进行观察和试验，最后再根据所有资料，做出理论总结。当然也有个别情况：研究是从实践开始，然后再经过理论和实践结合的，最著名的例子如天文学里的凯卜勒（今译开普勒）三定律是从观察天体开始的、居里夫人发现镭是从实验开始的等等。但是，在一般研究工作中，都是先有了理论苗头，然后进行试验，而不是漫无目的，希望从大量试验中得到偶然创获。专门科学是以生产中的经验总结为基础，然后在学校和研究机构中，从理论开始，经过试验实践的验证而逐步形成的。由于学科系统化是纯理论性工作，专门科学和生产的直接关系就只有自然规律的应用，而这就是生产中洋法技术的开端。

生产系统化的专业科学是要在生产中发生和成长起来的，它的发展公式是"实践—理论—实践"。它将是新兴科学，是从专门科学的基础上建立起来的，这个基础就是自然规律；因为在专门科学中分析出来的自然规律，就是组成专业科学的要素。其他一个要素——规律的系统化，则需在生产中，通过上述的三结合阶段来完成。生产系统化的工作是不可能在学校或研究机构中进行的。由于生产的复杂性，专业科学中的自然规律也不可能全部从专门科学中吸取,所有尚未发现的有关规律都要在生产中自行分析出来,这就是上述的土法生产的一个任务。在专业科学中自行分析出的自然规律,同样是专门科学中的要素,这就丰富了专门科学的内容。

专业科学和专门科学是以同一自然规律为骨干,而经过不同的规律系统化工作而形成的,专业科学中的自然规律是按照生产程序来系统化,而专门科学中的自然规律则是按照学科性质来系统化的。整个自然科学就是自然规律和规律的系统化。规律的性质是物质运动形态的关系,规律的作用是生产技术形成的根据。经过系统化,则规律的性质和作用就有了层次分明的轻重缓急的次序。规律有了性质和作用的次序,才能在生产技术中形成科学系统。如把科学工作比做下棋,每个自然规律当做棋子,那么,棋盘上的直线和横线,就可当做经纬线的两个系统,有了经纬线,棋子才有下处,只有经线或纬线,就不成一盘棋。因此,有了自然规律,还需要学科系统和生产系统的经纬线,才能构成一个整体的自然科学,才能在生产中"下棋",而发挥作用。

现在举一个具体例子。在桥梁或高楼建筑中,可用空心的钢筋混凝土管子做基础。这个管子的设计、制造和下沉到土中是它的生产过程中的三个阶段。在每一个阶段内的每一个技术中有和它相关的科学理论,即自然规律和它的系统化。在每个阶段内需用的规律当然很多,现在只列举其中的三个,并依其使用的次序排列。设计:(1)关于荷载公式内的统计因素;(2)关于管子强度;(3)关于混凝土中的水与水泥的比率。制造:(4)关于混凝土中材料数量;(5)关于混凝土的加速凝结;(6)关于制成管子的旋转离心法。下沉:(7)关于下沉时间;(8)关于抽出管内泥沙的空气吸泥法;(9)关于防止泥沙涌入的膨胀胶土堵塞法。上面(1)至(9)的次序就是这些自然规律在生产中的系统;而(1)(4)(7)的规律是属于数学的,(2)(6)(8)的规律是属于物理的,(3)(5)(9)的规律是属于化学的,它们在各学科内另有次序,各有各的学科系统化。

专业科学是生产技术中土法和洋法的理论总结。虽然形成科学的步骤不同(土法是先有系统然后有规律,洋法是先有规律然后有系统),但其结果只能是专业科学而非专门科学。专门科学中不可能有土洋结合问题,因为它的系统化工作是与生产无关的。但是,土法和洋法中的自然规律(也就是专业科学与专门科学中的自然规律)是同一个东西,它可在专门科学中发展,也可在专业科学中发展。因此,专业科学是不能脱离专门科学而独自存在的。表面上,专门科学已经独立存在了两三百年,但在这期间,专业科学的实质也在生产中存在,只是表面上尚未形成,专门科学也同样不能脱离专业科学而存在。这就是专业科学与专门科学的整体性。

土洋结合为自然科学的发展开辟出新途径

在近代科学发展的历程中,学科系统化的工作起了极大作用。把零散的自然规律,按照学科性质,归纳分类,对重复近似的加以整理,对缺略遗漏的加以补充,就使整个科学系统日益完整,对一切生产不断做出巨大的贡献。但是,近代工业的突飞猛进,使学科系统化的工作更加迅速发展,取得更大成就,则是必不可少的条件。自然科学在近年一年的发展胜于过去不知多少年,但学科系统化的重要性并未与时俱增。最明显的例子就是苏联关于宇宙科学的突进,占了世界第一位,且火箭技术先占了世界第一位,而这是社会主义制度下工业水平能够达到世界最高峰的必然结果。因此,生产发展是繁荣科学的必经途径。

在这里有一个矛盾问题。科学应当是在生产前面才能指导生产,但科学发展要靠生产技术,则又是跟在生产后面。如说从外国输入洋法来提高技术以发展科学,但外国尖端技术又是保密的,至多只能输入一些理论,仍要通过自己的生产实践,才能形成洋法。这就是现行的科学(也就是专门科学)和生产的一个矛盾。但是,专业科学是在生产之中形成的,它和技术同时发展,没有先后问题,因而和生产就没有矛盾。

如果生产技术中的土洋结合是促进生产的一个新动力,那么,它就为发展科学开辟出一个新途径。首先,如上所述,生产水平的提高带动科学水平的提高。其次,土洋所以能结合是由于完成了生产技术中的科学体系,也就是专业科学的体系,但因此而发现的新的自然规律,不但充实了专业科学,同时也丰富了专门科学,促进了学科系统化的工作。再次,洋法是由理论到实践的,而土法则是由实践到理论的,两个方法的结合就在整个生产过程中使科学系统中的理论与实践更加趋于一致;如果一个方法中的理论有欠缺或实践不全面,那么,通过结合,就会发现问题所在,便于进行解决。所有这些都为发展科学创造了新条件,而这是在学校或研究机构中致力于专门科学所不可能获得的。这也是生产为学科服务、专业科学为专门科学服务的一个新途径。

由于远近结合的要求,在科学研究工作中,有"任务带学科"和"学科带任务"的两种平行做法。如果把这里的任务解释为生产技术,学科为科学理论,那么,这两种做法就是科学研究工作中的土法和洋法,而远近结合就是和土洋结合一致的。

如所有学科都健壮起来,而其中有关生命的因素——自然科学,就必然更形活跃。如果能在生产本身里建立起来专业科学,并为普及科学而进行业余教育,来补助学校教育与研究机构工作的不足,那么,这个三位一体的作用就更加扩大了。在这里,生产里的土洋结合就是个开路先锋。土洋结合的两条腿走路的方针是我国的独立创造,通过这样的创造,我国社会主义生产里一定可以发展出自力更生的新技术、新科学,建立起生产系统化的专业科学!

1961 年 7 月 9 日

试论自然科学中的土洋结合问题

关于土洋结合问题^①

——在全国人大会议上的发言

现在提出一个关于土洋结合的问题,恳求各位指教。过去,"土洋结合"这个口号,曾经盛极一时,但现在不大听见了,是不是因为它不够科学化,因而不值得提倡呢?

首先应当搞清楚什么是土什么是洋,才能谈到它们应否结合、能否结合。这里有许多解释:(1)本国自有的为土,外洋来的为洋;(2)古老的为土,新创的为洋;(3)需要工具设备少的为土,机械化的为洋;(4)需要劳动力多的为土,少的为洋;(5)规模小、工作程序简单的为土,规模大、工作程序复杂的为洋;(6)暂时适用的为土,长期适用的为洋。还有其他种种。一句话,大概认为好一点的是洋,差一点的是土。这是受了旧中国半殖民地的影响。中农、中医,都是土法,如果不

---

① 1961 年,茅以升写作了《试论自然科学中的土洋结合问题》长文,一年后,在全国人大会议上,茅以升以该文观点为纲,加以进一步的提炼,做了《关于土洋结合问题》的发言。

好,为什么按面积比例,我国会成为世界上人口最多的国家呢?

还有一种解释,认为土法是洋法的前奏,是走向洋法的过渡,因而只有"土化洋"之说,而不闻"洋化土"。这就把土洋关系当做小孩大人关系,而非兄弟平等关系。这就抹杀了土法、洋法在本质上的区别,认为它们只有程度上的不同。

究竟土法和洋法有无本质上的区别呢?它们之间有无对立的矛盾呢?如果没有的话,为什么会提出甚至强调土洋要结合呢?

我认为在工业、农业里面,土法和洋法的区别,就像中医和西医一样,是有本质上的不同的。洋法是运用科学理论的结果,土法是运用科学实践的结果。洋法在运用理论时需要实践,土法在运用实践时也需要理论,然而就它们的发展过程说,洋法是从理论到实践,而土法是从实践到理论的。因此,所谓土洋结合,就应当是理论与实践的结合。

有人认为,土法如中医就不是科学,因为它没有理论。我虽不懂医,但对这句话是不同意的。这是把科学这个领域的范围,按照西方传统的见解,仅仅限制于现有的学科之内了。现有的学科,为数虽多,但仅仅局限于一个系统,就是从认识自然到改造自然的系统,也就是从物质运动的形态开始,而发展到物质运动的作用。因此,在西方,向来把技术当做科学的应用,也就是用先理论后实践的方法来进行自己的工作。这就是认为在生产活动中,必须是先有了理论,然后应用理论于实践,这才是科学化的生产方法;否则,如果从生产经验的实践出发,然后再上升到理论,而当理论尚未形成或虽已形成但不能用所谓现代科学的语言来表达时,所有这些就都不是科学化的生产方法。许多技术革新中的创造发明,凡是没有上升到理论的,属于前一种范畴,中医因理论为西医所不解,属于后一种范畴(医疗工作是广义的生产)。在这样观点上来区分一个生产方法是科学或非科学的,这是个什么观点呢?

拿中医来说,如果对同一病症,不同的医生开出同一药方,这就是科学,不过中医的理论是用"金木水火土"等语言来表达的,而不是用现代的物理、化学、生物等里面的语言来表达的。科学只有一个,真理只有一个。如果在中医和西医里面,存在着哪怕只有一个共同的客观规律,那么,用物理化学语言来表达这个规律就是科学的,用"金木水火土"等语言来表达,就不是科学的,这如何说得通呢?

在工业生产里,拿造桥来说,我国也有很多好的土法,赵州桥就是个最明显的例子。它所以能屹立一千三百多年之久,就因为它充分发挥了一个结构物的"整体性"和两端桥台的"被动压力"的缘故。整体性和被动压力是科学理论,但赵州桥的"总工程师"——隋代的李春,并不知这些名词。可以推测,他是从造桥经验,特别是在修桥时,观察出桥所以损坏的原因而累积来的经验,进而做出赵州桥的设计的。当时他一定胸有成竹,可惜这个"竹"并未留传下来。由于轻视百工技巧的关系,在我国历史上,工业生产的文献远远不如农业或医学的多,其理论系统也更不完备,然而如建筑工程,也还有像宋代李诚的"营造法式",用本行的语言和系统,留传下我国古代建筑的技术和理论,是建筑土法中的一部代表作。

所有一切成功的土法,都是从经验得来的,后来这些经验的总结就成为理论,不过各行各业,都各有自己的语言和系统,一时还未能"翻译"成现代学科的语言和系统。然而不能因为"语言不通"而否定它们的科学性。应当说,土法也是科学的,不过它的发展道路与洋法恰恰相反,是从实践到理论的,是从改造自然到认识自然的,是从物质运动的作用出发,而发展到物质运动的形态的。如果在洋法里,技术是科学的应用,那么在土法里,科学就是技术的总结。

现在一般的土法都还不如洋法好,这是由于它们多半还停留在实践阶段,还有待于上升到理论。这个"上升"是不简单的,因为不容易用现代"学科"的语言和系统来完成,而必须要用"生产"里自己的语言和系统来完成。这就需要特别努力,需要发挥领导、专家和工人群众的"三结合"了。

土法上升到理论,固然困难,然而洋法里技术的形成难道是容易的吗? 在我国科学赶上世界水平的过程中,技术过关是个极其重要的条件。既然土法和洋法的目标是一个,科学内容也是一个,那就应当以洋法里应用科学的方法来帮助土法完成理论,以土法里总结经验的方法来帮助洋法里的技术过关。这样相互启发,彼此促进,应当是土洋结合的一个重要作用。与此同时,应当加强生产中的业余教育,来武装工人群众。任何革命都需要武装,技术革命就需要科学武装。在业余教育中,我主张"专业基础上理论化",亦即先知其然而后知其所以然,而不是"理论基础上专业化"。人的认识,总是由感性知识到理性知识的,总是要根据"实践—理论—实践"公式的。学习是继承前人遗产,当然和自己创获新知识有所不同,然而它们的不同只在程度,而不在本质。在创获新知识时,可能需要十分感性知识,才能上升一分理性知识;而在学习继承时,由于举一反三,在一分的感性知识上,可能接受到十分乃至百分或更多的理性知识,然而就是这一分的感性知识就是非常必要的,因为它是接受理性知识的基础。没有基础就没有上层建筑。总的来说,学习和认识一样,都是应当根据"实践—理论—实践"这个唯一公式来进行的,业余教育更应当如此。

　　正当全国人民发愤图强、自力更生的时代,在生产、教育、科学等各方面工作中,强调土洋结合的重要性,似乎是有必要的。

1962 年 4 月 13 日

充分发挥科学教育电影的积极作用

　　自从 1954 年 4 月在北京举行了科学教育影片展览以来，在党的重视和广大群众热情支持下，我国科教电影事业已获得了迅速的发展，不论在数量或质量上，都有了显著的提高，在普及科学知识方面发挥了很大作用。现在，上海市又在举行一次规模更大的科学教育影片展览，来扩大影片影响，加强与科学、教育、产业部门的联系，听取观众意见，积累改进摄制工作的经验，为今后更充分地运用这种宣传工具，开拓更宽阔的园地，这是非常有意义的，是值得庆贺的。

　　科学教育电影是普及科学与技术的一种形象化的通俗讲座。它能在较短时间内，以经济的方法，对最广大的群众进行最有效的宣传。广大群众可以从这里学习到各种先进生产技术经验，正确认识、理解各种自然现象，同时，还可看到祖国的资源、建设、文化遗产、科学发明，受到爱国主义教育。在地大物博人多而又迫切需要科学技术的我国,充分发挥科学教育电影的积极作用更是以科学武装群众的一条捷径。它是全国人民向科学大进军的一座桥梁。

电影是表现形象变化的一种技术装备,科学电影是科学知识和艺术手法的结晶品。电影的技术效果有很多特点正和科学技术教育所要求的相一致,因而很自然地成为宣传科学的有力工具。

但是,科教电影的作用越大,就越需要能产生最理想的效果,而这就是一项十分艰巨的工作。如同文艺电影需要文学家和艺术家的密切合作一样,科教电影就需要科学技术工作者和电影工作者共同努力,来把科学内容和电影艺术水乳交融地融合在一起。这对双方来说都是一种新经验,而科学技术工作者更是感到生疏,甚至会认为无从下手。这里有思想认识问题,也有具体工作问题,但主要是思想问题。一般说来,科学技术工作者对于科学研究的重视往往甚于科学普及。研究当然重要,但普及是提高的基础,要提高不但自己要有宽广的基础,而且要走群众路线,要有群众基础。人人都做普及工作,群众的科学水平提高了,水涨船高,自己也就跟着更高了,对人普及就是对己提高,提高就是有了基础。同时,普及是要在提高的指导下进行的,为了普及,就要更好地提高,因而普及的进展也是提高的过程。科学研究与教育推广都是为了生产，形成生产的"两翼"，而提高与普及又是研究与教育的"两翼"，一只鸟的两只翅膀必须一般大小，才能维持平衡，顺着正确方向，飞得又高又远。科学教育电影正是普及工作这一翼的重要组成部分，这还不能说明其重要性吗？

正当全国人民响应党的号召，努力贯彻社会主义建设总路线，力争迅速实现我国农业、工业、国防建设和科学技术现代化的时候，让我们科学技术工作者，热情参加科教电影工作，扩展科学普及活动，来为我们伟大的社会主义建设更好地服务吧！

原载 1963 年 3 月 17 日《文汇报》

时序逢新人添喜

——科学会堂开幕有感

1964 年元旦,北京科学会堂开幕。首都北京有了这样一个科学家之家,是中国科学繁荣的又一景象。

科学在中国有过辉煌的历史,出过许多伟大的科学家。有不少学科,中国人的成就,在当时就远远走在世界前面。只是由于封建统治和后来帝国主义的侵略,中国科学才没有系统地建立起来,甚至逐渐衰微下去。到了 20 世纪,世界科学突飞猛进的时候,我们就被迫而成为科学落后的国家了。幸而 20 世纪还没有过去一半,中国人民就取得了革命的胜利。在党的领导下,科学也跟着得到新生,从弱转强,逐步充实健壮起来。如果说,我国科学曾经有过一段漫长的黑暗时期,那么,从解放之日起,我国科学就开始进入复兴时期。我国的科学复兴,在毛泽东思想的光辉照耀下,正在加速着社会主义建设,从而对保卫世界和平,促进全人类的解放,做出愈来愈大的贡献。在今天开幕的北京科学会堂里,如同在上海、天津、沈阳、广州等地的科学会堂里一样,将会每天都看到中国科学复兴的新气象。

对科学会堂开幕感到最大兴趣的,是各种自然科学和社会科学的学会团体。学会是因"会"而起作用的,会而有堂,当然是最值得兴奋的了。当我第一次踏进这个宏伟壮丽的北京科学会堂时,我不由得想起,解放前的学会,有过怎样黯淡的光景,不但会无堂,而且学无用。

解放前的一般学会,都是模仿资本主义国家的学会而组成的。但他们有资本家做后台,而我们却只是少数知识分子,醉心于"科学救国""实业救国",而赤手空拳地组织起来的。由于得不到反动统治者的重视,更谈不到支持,因而一切学会都是徒具虚名的。纵有个别的得到资产阶级的帮助,那也是微不足道的。几乎所有的学会都没有会所,没有固定经费,没有专职干部。只有几个少数负责人,用业余时间为学会义务劳动。我做过学会董事,为了要开董事会,我时常要跑餐馆接洽,为的是好借吃饭的地方开会。学会也办学报,刊登会员的论文(所有出版的文章,向无稿费),但无出版经费,就没法招登广告,为此负责的会员,只好乞怜于资本家之门。学报编辑没有干部,一切自己动手,我也做过几次。还记得要为来稿补图,夜中赶画的情景。学会平时很少有学术活动，当然也谈不到结合实际，不可能解决生产中的问题。最重要的任务，是一年一次的年会，宣读论文，新旧职员交替。1926年，中国工程学会在北京开年会。我是筹备主任，就借用现在南河沿的文化俱乐部（那时是欧美同学会）为会场，只不过到了一百多人。有一篇报告附有电影片，没有放映机，我就在东安市场，花了三块钱，买了个儿童电影机玩具来凑合。我自己开动，居然对付过去了。参加年会的人，为何这样少呢？因为来京旅费、在京食宿等等，都是要自己担负的。可见那时学会是无法参加国际活动的。至于像今天的科学会堂，那时自然不敢梦想。但由于多年呼吁，在抗战以前，南京也曾有过联合会所的筹备。抗战以后，重庆还有过工程大厦的建造。但结果是：一个始终没有完成，一个是才完工就被强有力者抢去了，弄得各个学会始终无家可归。

今天的所有学会，真是大翻身了。首先是本质变了，成为建设社会主义的一个得力助手。每个学会"靠"一个生产部门或研究机构，于是有领导、有计划、有干部、有经费，一切学术活动服从于国家的科学规划及国民经济计划的要求。因而每个学会都在计划中行动，或是分工负责，或是配套成龙。会员的人数大大增加了，而且吸收了各个生产战线上的先进工作者。学报的水平，日益提高了；年会的规模远非昔比。而且学会的国际活动，遍及全世界。几乎世界上最重要的国际学术会议,都有我们学会会员的踪迹,在科学上做出了应有的贡献。我参加过几次国际桥梁会议和国际土力学会议,每次受到国际科学界的重视,感到了作为中国的学会会员的无上光荣。

我们学会有个特点为世界各国学会所无的,那就是:红与专相结合,普及与提高相结合,领导、专家和群众三结合。学会不再是少数专家孤芳自赏的"象牙塔"了,它成为联系各学科、各专业中科学力量的桥梁,联系科学技术与生产现场的桥梁,联系各行专家与广大群众的桥梁。它在我国科学技术现代化的战线上,是个奋发有为的"民兵"队伍。

有了科学会堂,我们学会就多了一个练兵场,就像运动员多了一个体育场一样。我们的科学健将们,将会在这练兵场上,涌现出许多未来的世界冠军和亚军。

原载 1964 年 1 月 1 日《人民日报》

科学工作的群众化、革命化

科学（自然科学，下同）是真理，包括自然界的一切客观规律以及规律与规律之间的联系。人们在生产和生活中，通过实践，随时都能认识到一些自然界的规律，但不完整，而且只知定性，不能定量，更难了解规律间的联系。因此，科学的发生和发展，虽然都是由生产所决定的，但从事工农业生产的劳动人民，却并未成为科学的主人。首先掌握科学的是知识分子，因为他们摸索出一套对自然界客观规律的发现、整理及系统化的工作方法。通过他们的科学工作，才有系统化的科学知识。

学科科学的形成和特点

从科学发展史看，几百年来的科学家，对于发展科学的功绩是非常巨大的。但是，他们也带来了缺点。他们生于资本主义社会，他们的思想意识贯穿在他们的科学工作中。他们一般都是脱离生产、脱离群众的；他们研究科学，主要就是为了科学，而非生产，更非为了群众。因此，他们发现自然规律，是通过目的性的直接观察和室内试验，而非在生产实践中，从感性认识上升到理性认识的；他们整理自然规律，从自然界的现象出发，把同一类现象有关的规律编排在一起，而不管规律对生产的作用。这样系统化的结果，就把已发现的自然规律，按照性质，分别纳入各种学科，每一学科，说明自然界的一类现象。数学，作为学科的意义，与此有别，它实际上是一种描述自然现象的"工具"。由于生产发展，对于自然的认识日益深化，发现的自然现象愈来愈多，于是学科的划分也跟着越来越细，而且产生了大量的边缘学科和综合学科。这种分科方法，对于认识自然，当然是有极大帮助的，但是用于改造自然，那时自然界原来的现象被打乱了，用起来，一个学科对一类现象，便显得纷乱复杂。这种由西方传来我国的"学科科学"就是我们今天所习用的自然科学。

基础科学与技术科学的区别

我们把自然科学分成基础科学和技术科学两大类，每类包括若干学科,但是区分的标准,至今并无定论。有人认为,与生产有直接关系的是技术科学,有间接关系的是基础科学,但这成何标准? 如用生产关系来说明,我想倒可打个比喻:如生产的是衣服,则基础科学为棉花,而技术科学即布匹;不织成布,棉花是无法做成衣服的。比较合理的区分标准,我认为应当从这两类科学的对象中去找。对象都是自然界的一切现象,但有天赋的自然现象和经过人工改造的自然现象之分。基础科学是通过认识自然而发现规律的,故以天赋的现象(本来面目)为重;技术科学是通过改造自然而发现规律的,故以改造的现象(矫形面目)为重。以天赋的自然现象为主要对象的是基础科学,以改造的自然现象为主要对象的是技术科学。它们的目的性不同。因此,基础科学的对象,虽有很大部分是在试验室中出现的,而试验室即受人工的控制,然而这里的人工控制,是为了模拟自然而非改造自然,所研究的对象仍是自然界天赋的现象,不过在试验室里模拟出现而已。至于技术科学的对象,则显然不同,它是在某种生产技术过程中经过改造的自然现象,这种综合的现象,在人工生产以前,自然界中是不存在的。比如,地质学是基础科学,而工程地质学则是技术科学,因为地上有了工程,下面的地质就因人工改造而起了变化了。上面所说,天赋的自然现象和改造的自然现象有区别,当然不是说,在两种情况下,有两种不同的客观规律,而是说,个别规律虽然不变,但是应该有多少规律综合成套出现,则有无人工控制的结果,是不一样的。由于规律的这种综合,技术科学的学科,有很多就是由基础科学的学科综合而成的。

应当特别说明,技术科学和基础科学的对象虽有不同,但它们形成的工作方法却是一致的。它们都不是在生产现场由专家结合群众,共同发展起来的,而是由专家通过目的性的直接观察和室内试验,逐渐发展起来的。在试验室内,基础科学所要模拟的是天赋的自然现象,而技术科学所要模拟的则是改造的自然现象。因此,两类科学的学科是一脉相承的,具有共同的形式和语言,而且是彼此连贯的。比如,在学校里,要学技术科学,就要先学基础科学。由于基础科学与技术科学都是"学科科学",而学科的对象,自然现象,是带有普遍性的,因而技术科学就可应用于同一技术的多种生产,而基础科学则可应用于所有的各种生产。

科学与技术的区别

同时,也该说明技术科学与技术的区别,也就是,科学与技术的区别。我认为,科学与技术的概念是截然不同的,但它们又是统一的。科学是看不见的,是用文字、图画和数学符号表达出来的;技术是从实际工作的效果上看出来的,是从生产任务的完成表达出来的。技术是科学存在的形式,科学是技术存在的内容。科学的形成要经技术(实验与生产)的检验,技术的形成要有科学的根据。科学的成就表现于对技术的指导,技术的成就表现于科学的应用。没有不能验证的科学,也没有不起作用的技术。没有无技术的科学,也没有无科学的技术。了解科学要从技术的感性认识开始,改进技术要以科学的理性认识来指导。科学是知识,技术是方法;科学是理论,技术是实践。科学里有思想方法,技术里有操作知识,但科学的方法仍然属于理论,技术的知识仍然属于实践。科学是什么理论呢,它对自然界的事物作解释,并对未来变化作推测。技术是什么实践呢,它根据理论使事物变化合于一定的要求。理论指导实践,实践验证理论,科学与技术有同样的辩证关系。知识和方法是结合的,理论与实践是统一的。科学是知,技术是行,通过实践而知行合一。(根据上述理解,我认为"科学技术化"和"技术科学化"的提法是有语病的,我们能说"理论实践化"或"实践理论化"吗?)

学科科学不适合工农群众的需要

科学是生产经验的总结,而技术就是生产经验本身。从事生产的工农群众当然有生产经验，也就是能掌握生产技术。但是，他们很少能将生产经验总结成为科学，这是什么原因呢？我想这就因为所谓科学，都是"学科科学"，而学科是要把自然现象分类，一类一类地去进行研究，去找出自然规律的。但在生产中，通过人为加工，自然界的本来面目经过改造已经起了变化，表现出的客观规律更加复杂，要使工农群众面对这样复杂的规律而分清哪些规律是属于哪一类自然现象的，因而才积累些哪一学科的知识，这显然是不可能的。他们不能像科学家那样，能在试验室中，通过人工控制，要研究哪一门学科，就专对哪一类自然现象，找出其中有关规律。他们只能在生产现场找出在某一生产过程中可有哪些起作用的客观规律，而不能分清这样找出的规律是属于哪一类自然现象的，或者是哪几类自然现象的综合结果，只能说明以生产为对象的规律，而说不出它们在自然现象中属于哪一类，那么，这种规律在学科科学中是没有地位的。这样，工农群众纵然能发现自然界的客观规律，但因不了解规律的"学科系统化"，他们就变为"不懂"科学了，因为只有学科系统化的科学，才算是科学！

　　总结已有的生产经验为学科科学，既不可能，那么，要想工农群众在技术革新中把所得经验上升为科学理论，就更不可能了；因为所上升的理论，仍然是要以学科科学的理论为基础,以它的语言为语言的。不但如此,在工作方法上,由于传统关系,科学研究一般总是从理论开始,然后再验证于实践的。试验室的试验,或是现场的直接观察,都是先有了理论苗头,然后再去检验,而不可能是没有目的就去盲目试验,盲目观察的。这种"理论—实践—理论"的工作方式,对工农群众来说,也是不可能的。工农群众的工作方法是"实践—理论—实践"的实践公式,他们要做科学研究,也不能离开这个公式。但是,所谓科学研究就是学科科学的研究,工农群众如何能对技术革新的成就,而在改造后的自然现象中,按照学科进行分类,从实践上升到理论呢? 工农群众只能就事论事,就技术论技术,在技术革新的成就中发现自然规律,按生产过程的要求而加以系统化,使之上升为理论。这种不按学科系统所做出的研究,算不算科学研究呢?

学科科学要求从自然现象中找出规律,而工农群众则能从生产过程中找出规律,这其间到底有什么不同呢? 生产过程中的客观规律,不也就是自然现象的规律吗? 问题不在于单一规律本身,而在于它和其他规律综合所表现的集体面貌。同一自然规律,可以属于不同组织的系统:它可以属于为了认识自然而组成的关于物质运动的形态的系统;也可以属于为了改造自然而组成的关于物质运动的作用的系统。因是关于物质运动的形态,而辨别形态,就要知道如何把它分类（愈细微愈好），故其系统就像是构成自然现象的一棵树，其中一枝一叶就代表大分类中的小分类。同样，如是关于物质运动的作用，而了解作用，就要知道它如何变化（愈完整愈好），故其系统就像是构成生产过程的一棵树，其中一枝一叶就代表变化中的前因后果。技术科学各学科的规律，虽与生产技术有关，但仍是按照自然现象而非生产过程来分类的；它们在那现象树中的枝叶就好像是杂交、插枝所形成的一样。因此，生产现场中的工农群众，虽然熟悉生产过程中的现象变化，却未必能了解自然现象中的变化分类，这样他们就不能从生产专业中来掌握学科科学了。

根据自然现象的分类而形成的学科科学有几百年的传统，在自然科学中占有垄断地位。工农群众只好向它低头，向它学习。在现行的业余教育制度中，所有教学大纲、教学计划、课程安排以及教材、课本、实习、试验等等，就都是按照学科科学的要求进行的。但是，经验证明，这些学科科学的要求，对从事生产的工农群众，是非常不相宜的。首先，既然是按照学科科学来教课，那么，每一课程就只能针对一类自然现象，而且这一类现象通通包括进去才能保持学科的完整性。但是，在生产现场的生产过程中，所面临的自然现象，由于人工改造，是异常复杂的，其中包括的现象种类极其繁多，如对一类现象读一门课，所要读的课就太多了。而且，每一门课中,与当前生产直接有关的部分,总是很少的;为了这很少部分,也要读完全部的课,岂非事倍功半吗? 其次,学科科学的课程安排要有一定次序,其原则是:先学基础科学,后学技术科学。为什么呢? 因为科学的历史发展是从理论到应用,而科学家的工作方法,又是从理论到实践的。可是,这样安排课程,就害苦了工农群众。他们的任务是生产,为了更好地完成任务,才要求学习;因而只能边做边学,希望学到的立刻去用,正在用的立刻去学,达到学用一致。他们总是有的才放矢、带问题读书的。他们所能接受的教育,只能是"先知其然,后知其所以然"。如果首先要他们学习基础课(知其所以然),而把他们目前迫切需要的专业课(知其然)放到遥远的将来,这不是"远水不能救近火"吗?

工农群众,由于不了解学科科学,于是在生产中不能把经验总结成科学,在教育中不能使工作与科学相结合,而在研究中又不能把技术革新成果上升为科学理论,因而就不自觉地为自己带上了"科学盲"的帽子。到底他们是盲于科学呢,还是仅仅盲于学科科学呢? 生产现场本是科学的发源地,为何从事生产劳动的人,倒反而成为科学盲了呢? 问题很简单,只是由于知识分子为科学披上了一件学科系统的外衣,使人望而生畏的缘故。如果为科学换上一件外衣,换成适合生产系统、生产语言的外衣,那么,工农群众就能和它日益亲近,而终能最后翻身,也成为科学的主人了!

适合工农群众需要的是专业科学

生产系统、生产语言的科学是怎样的呢? 它就是上面所一再提出的,能够由生产中的工农群众直接掌握的一种科学。它是在生产中发生和发展,而又反过来为生产服务的。工农群众在生产中,从日积月累的生产经验中得到了大量的感性知识,认识到生产过程中的种种变化不但有规律,而且彼此之间有联系。在这技术实践的基础上,认识逐步提高,了解到这些变化的前因后果,甚至能估计其中数量的关系,由此所得到的理性知识,就是和那技术实践相结合的科学理论。这时如果已经预先有了一个按照生产过程,用生产语言而建立起来的科学系统,在那系统内,每个自然规律,有一定作用,那么,这样获得的科学理论,在这生产系统内,就有它一定的地位了。累积的科学知识愈多,对这生产系统的科学就了解得愈全面。若再加以业余学习,不是就能全面掌握这生产中的科学吗? 有了理性知识,通过主观能动性,认识就可有飞跃,而反映于技术革新。这时有生产系统的科学做指导,就可把技术革新的实践进一步上升为理论,更丰富生产系统科学的内容。这不就是生产现场内,由工农群众所做的科学研究吗？可见,工农群众,通过学习,是能够把生产经验总结为科学,并能以科学为指导,在生产中创造出新经验的;其关键只在于要有一个合于生产系统的新科学。这个新科学,不以自然现象的分类为系统,而以生产专业的分门为系统。现象分类的根据,是物质运动的形态;但专业分门的根据,则是物质运动的作用。现象分类时,大分类中有小分类;专业分门时,大专业中亦有小专业。生产专业的具体表现为产品,其意义包括农作物在内。每种产品形成一门专业,每门专业中自然规律的生产系统构成生产过程中科学理论的专业系统。这种由专业系统化的自然规律所组成的新科学,我叫它"专业科学"。专业科学在自然科学中,应当和学科系统化的学科科学同时并存,形成一经一纬两大科学系统。可惜,在我们科学工作中,直到今天,这种专业科学并未建立起来。

专业科学与技术科学的区别

专业科学的许多特点,可以从它和技术科学的区别中很明显地看出来。

（1）目的和范围不同。专业科学与技术科学的研究对象是同一的,但所要研究的目的和范围,却大有区别。它们研

究的对象,同是自然界的现象,或经过各专业生产技术的人
工改造所表现的客观规律及其内外联系。但是,技术科学的
目的是从某一种生产技术的角度出发,研究这一产品需要哪
几种技术措施,来引起自然现象合乎要求的各种变化。因
此,技术科学的范围,限于一种生产技术,却包括这一技术对
所有有关的生产专业的普遍作用;而专业科学的范围,则限
于一种专业产品,却包括这一产品所需要的所有有关的生产
技术的联合作用。因为,一种技术可用于多种产品,而一种
产品则需要多种技术。同时,仅仅一种技术,不能生产任何
产品,而任何产品所需要的任何技术,都只是该种技术的极
小部分。比如,"焊接"是一种技术,"焊接学"是一门技术科
学,在这门科学里,包括了各种焊接方法的理论;但在生产任
何一种有关产品时所需要的,却只是那里面的一种方法的
理论。

从表面看来,好像专业科学就是技术科学各学科中所有
有关部分的综合体,但是事实并非如此。一种产品,用了多
种技术时,由于相互影响,就产生了新问题,而这新问题就非
任何一种单纯技术的理论所能解决。此外,在生产产品时,
还有许多关于人的因素,也非任何技术的理论所能包括的。
比如,农业中的"八字宪法",是对所有农作物的普遍真理,其
中每一个字就代表技术科学中的一门或几门学科。对于一

位种稻或种麦的农民来说,这八个字的宪法是全部需要的,但稻或麦的要求不同,而且所要求的只是每一个字宪法的技术科学中的极小部分。如果有一门"稻作学"或"麦作学"的专业科学(现在还没有),它就要包括这"八字宪法"中所有有关稻或麦的部分,而且更重要的,还要包括这八个部分由于交错在一起而产生的复杂问题,其中就有人的问题。因此,纵然技术科学中已经有了对"八字宪法"的所有全部学科,而专业科学中的任何一门种植学,仍然是门新科学。

(2)本身系统不同。技术科学是"学科系统化"(也就是"现象系统化")的科学,对每一种生产技术中的经过改造的自然现象系统,形成一门学科。这门学科同基础科学各学科以及技术科学中的其他学科,都有联系,言语相通,但彼此不重复,因而才能配合成套,形成一个完整的科学体系。离开了基础科学,技术科学就不能独立存在。但是,专业科学是属于另一个体系的科学,它是"专业系统化"(也就是"产品系统化")的科学。就是按各生产专业所生产的产品,对每一种产品,有一门专业科学。在生产一种产品时,要用很多种技术,每一种技术有一定的操作过程;各种技术在一起,更要有一定的先后次序。这些过程和次序的配合,就构成生产这一产品的技术系统。生产的技术实践有了系统,和它相结合的科学理论,当然也有系统。如果技术系统是独立完整的,这个科学系统也应当是独立完整的。就是说,有了生产一种产品的科学系统,这个系统就足以解决所有这一产品在生产中所需要的一切科学理论,而无须再求任何其他理论根据了。这个产品的科学系统,就形成这一产品的专业科学。任一产品的专业科学,都是一个独立完整的科学系统。这个系统里面所包括的自然规律,在技术科学和基础科学中,是分别属于不同种类的自然现象的各门学科的。把所有同类专业各产品的各门专业科学组织在一起,就形成这一类全部专业的整个系统。这个系统的形象化,就是前面提过的生产过程的一棵树。

由于技术水平有高低,故技术科学中的理论,就有不同程度的系统;同样,由于产品质量有高有低,故专业科学中的理论,也有不同程度的系统。两种科学,都有向"高、精、尖"发展的倾向。

(3)教学研究不同。技术科学是以基础科学为基础的学科科学,它是基础科学的延续和发展,因此教学和研究技术科学的方式、方法是和基础科学大体一致的。在教学上,它们的方式,都是理论基础上专业化;在研究上,它们的方法,都是"理论—实践—理论"公式。这种方式方法,对于脱产学习的学校和专门从事研究的机构,当然是行得通的,而且已经有了几百年历史;但对生产现场中的工农群众,它们都是脱离实际的。工农群众的学习和研究是和生产同时进行的，他们边做边学，边学边研究。他们的学习方式只能是专业基础上理论化，他们的研究方法只能是"实践—理论—实践"的实践公式。由于专业科学的系统是和生产中的技术系统一致的，而工农群众在生产某一产品时，他们的工作正是随着一个技术系统前进的，他们所需要的合于他们学习和研究的方式、方法的科学，不就是专业科学吗？只有专业科学而非学科科学，才能在教学上专业基础上理论化；在研究上，采用实践公式。

同时还该要提到现在学校里讲授的专业课和书店里买到的专业书，它们的内容都是专业技术，纵然有时讲到理论，也是很不完全，而且是采用技术科学的形式的。它们的内容，都不是专业科学。

专业科学的一个例——"螺丝钉学"

从以上说明，可见我所谓的专业科学并非现在流行的技术科学，而是一种迄今在任何生产部门都还未建立起的新科学。简单地说，一门专业科学就是一种产品的科学，它对这产品的生产技术实践，提出相关的首尾齐全、应有尽有的成套科学理论，因而形成一个完整的科学知识体系。为了说明它的重要性,不妨再举一个例。

现在如有一位生产螺丝钉的工人,想学科学,他只能先学许多门的基础科学,如数学、物理、化学等等,然后再学许多门的技术科学,如工程力学、机械学、冶炼学、热加工学、电工学等等,每门都可能是厚厚的一本书。但是,每门学科内,他能学到和他工作直接密切相关的东西,到底有多少呢?恐怕很少。同时,他在生产中所遇到的大量的理论问题,倒可能并非他所读的任何一本书中所能有。这样,他到何年何月,才能掌握关于螺丝钉的全部科学呢?假如现在为他建立起一门"螺丝钉科学",先写出一本初级的书,着重在定性知识,把他要学习的一切应有科学理论知识,在他已有的技术实践知识的基础上,原原本本、前后贯串地都在这一本书里讲清楚,而不要他另外再读任何其他学科的书,他不是就能专心一意地很快就把这一本书学到手吗?这样,他在工作中先知道了一段技术中的"然",接着便学这一段技术中的"所以然"的科学理论,一段一段地学下去,等到他对生产螺丝钉的所有各段技术都经历了,他对这各段里的科学,也就都能掌握了。这是第一步——读初级的书。然后为他写出一本较高级的螺丝钉科学的书,里面定量知识逐渐增多,他学完了就可作出关于螺丝钉的初步设计,而他这时也可能当上工程师了。最后再为他写出一本更高级的螺丝钉科学,包括一些尖端技术的理论,那么这就成为他对螺丝钉进行科学研究的参考书了。这样一种"螺丝钉学"的专业科学,不是每位螺丝钉工人都能多快好省地学习,然后循序渐进,终于能做到螺丝钉科学的专家吗? 这不是学习任何技术科学学科所能很快做得到的。

可见,专业科学确是工农群众迫切需要,而有待于从速建立起来的。我们科学技术工作者,有责任在党的领导下,与工农群众一道,依照"三结合"原则,把这任务勇敢地担当起来。

编写专业科学的"卡片查书"法

但是,工农业生产中的产品千千万万,如何能为这千千万万的产品建立起千千万万种的专业科学呢? 这是个具体工作问题,当然需要大量的劳动力。不过,如果每一门专业科学,都有千千万万的人去学习,那么,为了千千万万的人都能学到科学,无论要费多大劳动力,那也应该是值得的。何况,如果采用科学方法,这种劳动力还可大大减少。我想到的,就有一种"卡片式"的活页教材的方法。把学科科学各学科内的一切原理、规律,连同应有说明,每一项制成一张卡片,并给它一个号码;要编写某一门专业科学时,就对这一门所需的各项原理、规律,找出各卡片的号码,将号码按该产品生产过程,编成次序,再按次序将各卡片内容照抄下来,在各卡片之间,补进文字说明,以期前后衔接,这不就很快地编成了一本书吗?每一产品就可这样先编成一本初级的书,然后再同样编成较高级的书。为了统一教材,并结合当地需要,还可将整套卡片号码,按规定次序,通知各地,由各地补充材料,编成本地所用的书。有了学科科学的"大书库",用这种"卡片查书"方法来编书,那么,要编写任何一种专业科学的书,只要多查一次卡片,把内容抄下,并连缀起来,就完成了;专业再多,何难之有?当然,专业科学里也可能有一些理论知识不是任何一门学科科学的学科里可以查得到的,那时就要为这些理论知识补做新的卡片,以便将来采用了。

科学的整体性

由于生产发展,工农群众所需要的科学知识,总是越来越多的。学了一门专业科学以后,不但在本专业要步步深入,从初级书学到高级书,而且逐渐还要掌握与本专业有关的其他专业。专业科学的门类懂得多了,知识领域扩大了,就可把所得到的知识,再按学科科学的要求,系统化起来。比如从各专业科学学到的物理知识,在生产上虽已够用,但从学科言,还不完全,还要补充;经过补充,就可掌握物理这门学科的系统知识了。最后,通过专业科学这个桥梁,工农群众仍然可以通晓技术科学与基础科学。专业科学与学科科学,虽然属于两个不同的系统,但其中科学原理、自然规律是一致的,能把两个系统的知识,融会贯通起来,这就可能"从一种运动形式辩证地过渡到另一种科学"(1813年5月30日,恩格斯给马克思的信),能了解自然科学的整体性,而成为新型的科学家。

群众化、革命化的工作

建立专业科学的系统,是个极其艰巨的科学工作。在现时科学中只有学科科学系统居于独占地位的情况下,它还是一种群众化、革命化的工作。所以要革命,就需要解放科学,使它更加结合实际,结合群众。

自然科学本身没有阶级性,但任何一个国家的生产,教育和研究里面的科学工作,却都是上层建筑,为经济基础所决定,而又反转来为它服务的。在资本主义国家,一切科学工作都是知识分子的"私产",不可能为广大人民群众所掌握。但是,科学的最大作用,正是在生产;最能发挥科学作用的人,正是生产中的工农群众。在社会主义制度下,生产转移为人民所有,科学也该转移为人民所掌握——不限于知识分子。转移就要破旧立新,要革命。现在,我们全国的各个战线上,都在进行着群众化、革命化的伟大运动,来进一步巩固社会主义经济基础,使所有上层建筑,都能更好地为经济基础服务。科学工作中的群众化、革命化的问题,当然也会跟着出来了;其中最重要的一个,就是如何能使广大工农群众迅速直接掌握科学。这是解放以来,全国教育界、科学界都已经为它做了不少工作,取得不少成就的。但是,仅仅围绕着学科系统的科学来革命,这问题是不可能彻底解决的。学科科学的局限性,使它很难为工农群众开门。必须通过另一系统的科学,如专业科学,才能带动出它的群众性。有了这样两个系统的相互填补、相互促进,整个科学就能更加繁荣,更加适合经济基础的需要。

作为本文结束,我想提出这样一个论点:专业科学的形成,可能是我国当前科学工作中值得予以注意的一个群众化、革命化的方向。是否我个人的主观臆断,恳请读者批评指正。

附注:专业科学这个概念,在思想中,已经酝酿了很多年。三年前,我写过一篇《试论专业科学与专门科学》的稿子,登在《光明日报》上,那是这问题的初次提出。发表后,承几位同志写稿，在报上展开讨论，给了我不少帮助，深为感谢。要不是他们提醒我，指出问题，今天这篇稿子是写不出的。现在如果把我这前后两篇稿子，合并看一下，我的意图就格外清楚了，因为它们可以互相补充，而内容并不甚重复。应当在此申明一下，今天我把那三年前稿中的名词，做了小修改：把旧名"专门科学"改为"学科科学"，旧词"生产系统化"改为"专业系统化"。改了之后，看起来更省力一些。

1964 年 4 月 20 日

培养儿童热爱科学

教育少年儿童热爱科学,是"五爱"教育之一,是培养他们成为有社会主义觉悟的、有文化的劳动者的一个重要组成部分。

少年儿童在学校学习中,都经常接受各种科学教育。如能认真领会,循序渐进,这样积累起来的知识,对日后深造,就可奠定可靠基础。这是首要条件。但光有课堂教育还是不够的,在课外日常生活中,仍该重视科学教育。少年儿童不论看报、参观、听报告,甚至在文娱活动中,都会经常遇到科学问题,引起深思幻想,从而感到课内所学的不足。这就要求有课外读物作为课堂教育的适当补充。在这里,我认为,像《我们爱科学》这类丛刊,正好满足了这一迫切需要。这一丛刊,已经出版了 12 期,得到少年儿童们的热烈欢迎。它的特点是:结合实际,生动活泼,没有教科书的形式但却起了综合教科书的作用。现在它还处在创始阶段，通过经验积累，它必可逐步定型。

所谓定型，就是要使这个刊物具有思想性、科学性和群众性。自然科学虽没有阶级性，但如何掌握科学来为劳动人民服务，却必须政治挂帅。因此刊物要有中心思想，要以革命精神、科学精神贯串全部刊物。其次，既是科学读物，当然要有科学内容，正确反映自然界的客观规律。这对少年儿童尤为重要。否则，就会由于幼年误解而终生受累。最后，科学刊物，还要以适当的文艺形式出现。科学刊物文字要深入浅出，图说生动，条理分明。如果说教科书是良师，那么，这种刊物就应当是益友。我希望，《我们爱科学》将能在它的领域中开辟出一个新途径。

刊物要有读者，更要有作者。群众性的刊物必须依靠群众力量的支持。通过刊物，科学工作者就能和广大少年儿童见面，这该是多么值得欣幸的事。同时，这当然也是一种义不容辞的革命责任。

少年儿童爱科学，我们科学工作者应当爱写科学。

原载 1964 年 6 月 1 日《文汇报》

对科学实验的认识和体会

——与龚育之同志商榷

今年年初,在《红旗》1965 年第 1 期上,读到龚育之同志所写的《试论科学实验》一文,深受教益,但也引起疑问。当时就把我的意见写了出来,想和龚育之同志讨论,但后来为了慎重,未敢急于发表。这半年来,我又从报刊上学习了一些关于科学实验的文章,终于体会到龚育之同志的那篇文章确实是值得商榷的,尽管我的意见不一定对,也不妨把它提出。因而就对我那篇旧稿子做了补充修改,大胆地在这里公开出来,恳求龚育之同志和读者指正。

龚育之同志的那篇文章(以下简称"文章")分为两大部分:一是"从马克思主义认识论来看科学实验";二是"科学实验与社会主义革命和社会主义建设"。我想对以下五个问题,做一番理论性的探讨:什么是科学实验? 它在人们的认识过程中有什么作用? 它同生产斗争的关系是怎样的? 同阶级斗争的关系又是怎样的？它在建设社会主义的伟大事业中有怎样的意义？现在就按这五个问题的顺序来谈。

（1）什么是科学实验？"文章"说"科学实验，则是从生产斗争中分化出来的，为生产斗争服务的一种特殊的社会实践形式"。但是，科学实验是与生产斗争、阶级斗争平行并列的三类社会实践、三种革命运动，为何是从生产斗争中分化出来，仅仅为生产斗争服务的呢？它不能为阶级斗争服务吗？它为何是一种特殊的社会实践形式，而自外于生产斗争、阶级斗争呢？原来"文章"认为"科学实验从生产实践中分化出来，得到比较系统的、相对独立的发展，大约始于 16、17 世纪""系统的科学实验的产生，是近代自然科学的起点""近代自然科学……由于有了……科学实验……它对自然界的知识就精细和深刻得多了"。其实，不论古代自然科学还是近代自然科学，都是生产经验的总结，"科学的发生和发展从开始起便是由生产所决定的"（恩格斯语），而从生产总结出科学，由生产决定科学的发生和发展，正是科学实验在生产实践中所起的作用。从社会发展史看，作为社会实践的科学实验应当是自古即有的，各个历史时期生产力的发展应当是和当时劳动人民的科学实验分不开的。相对地看，所谓系统的独立发展的科学实验对于近代科学的一切作用，如果用来对比有史以来广大群众在生产与生活中的科学实验对于尔后科学(包括近代科学)的形成、促进、巩固、积累等等作用,是否也有很多类似之处呢?可见"文章"中所指的科学实验,只是专家学者在试验室内所进行的科学试验,而不包括广大群众在生产现场的社会实践和革命运动中的科学实验。这从"文章"中的下面几句话来看就更为明显:"科学实验的直接成果,主要还不是生产物质产品,而是精神产品——对自然规律的认识""在科学实验中,人们研究的不是通常的受到各种复杂因素干扰的自然过程或生产过程,而是一种特殊的、人工严密控制的、以纯粹的形态进行的实验过程""在实验过程中,比起对自然过程和生产过程的单纯的考察,人们就处于更加主动的地位""随着人们对自然现象的研究不断向新的领域突破,越来越要求为科学实验创造各式各样的特殊条件(如超高温、超低温、超高压、超纯度等等)。新的实验条件和仪器设备的创造,成了实验科学进步的一个重要方向""迈克尔逊和莫雷关于光行的科学实验……成为相对论这个新的科学观念的出发点""在不同的学科中,在不同的科学实验中,在运用实验工具控制实验条件方面,在同理论研究的联系方面,具体情况又是有很大差别的""在科学实验中,人们取得了许多在通常的自然条件和生产条件下不易取得甚至不能取得的感性材料,进行了许多在通常条件下难以进行的理性加工,得到了许多在通常条件下难以得到的检验知识的方法,实现了感性与理性的统一"。在所有的上文里,所谓"实验过程""实验条件""实验科学""实验工具"等等的"实验"字样,都应当改为"试验",因为所有这许多所谓"实验"的东西都是为了进行在"通常"条件下所不能进行的科学研究的,而这些科学研究又是按不同的学科而分别进行的,这里的科学实验怎能是指广大群众参加的科学实验呢?广大群众的实验条件怎能不是通常条件,实验过程怎能不是生产过程呢?毫无疑问,上文里所谓"人们",只能是科学技术工作者和助手们,而不可能是生产现场的广大群众。

"科学试验""试验科学"等等是资本主义国家科学界所常用的名词,他们不可能有像我们的作为社会实践和革命运动的科学实验。要想从资本主义学者所写的西方科学发展史中来探讨科学实验的源流和作用,当然是徒劳的。如果把科学试验当做科学实验的一部分,把科学技术工作者和助手们当做广大群众的一部分,把试验室当做室内的生产现场,那么,"文章"在这里探讨的范围也就过于狭隘,不够全面了。

正因为"文章"把所解释的科学试验当做科学实验,所以才说它是一种特殊的社会实践形式。它之所以特殊,就因为它是脱离生产斗争、阶级斗争,而局限于"世外桃源"的科学试验室里的一种狭小的社会实践。

(2)科学实验在人们的认识过程中有什么作用?"文章"

说,"在这样的条件下,就产生和发展了以对自然界进行专门的研究为目的的科学实验""通过日益发展的各种实验工具(例如……射电望远镜、电子显微镜等等)的运用,许多原来不能为人们感觉到的自然现象和过程,逐渐转化为能够被人们感觉到的现象和过程""科学实验对自然过程的'纯化',是在实践中实现的某种抽象分析、综合的理性活动""作为科学实验的前提的科学观点、科学假设……来自过去的科学知识和对这些知识的批判的分析""科学实验的发展,大大扩大了人们认识自然界的活动的实践基础,大大促进了人们对自然界认识的飞跃发展""物理学家瓦维洛夫对于科学实验和科学理论的关系说过一段很好的话"("在物理学中实验方法完全是不可避免的,理论物理学的孤立存在是不可思议的")。很显然,所有上文中的所谓科学实验都只是限于专家学者的科学试验,所谓专门研究就是对自然现象的研究,也就是按学科分类的科学研究,因而科学实验的目的,就仅仅限于认识自然而不包括改造自然。"文章"中所谓"正是在科学实验的基础上,人们的认识实现着从感性认识到理论认识的飞跃",难道不是只把自然界现象作为认识的对象,而不把自然界的改造作为认识对象吗? 有着认识的飞跃的人们,难道不是专指进行专门研究的科学家和助手们吗? 对于置身于社会实践和革命运动中的广大群众来说,科学实验在他们的认识过程中的作用何在呢？

（3）科学实验同生产斗争的关系是怎样的？"文章"中所说的"科学实验则是从生产斗争中分化出来的、为生产斗争服务的一种特殊的社会实践形式"这句话,意味着:把科学技术问题,从生产现场中"分化"出来,交由科学技术专家,在科学试验室内予以解决,为生产服务。但是科学实验应当包括工业的技术革新、农业的技术改革和专门研究的科学试验,在生产中解决科学技术问题,为生产服务。因为在科学实验中,科学技术专家虽然是不可少的,科学试验室也是必需的,但专家必须在三结合中与群众打成一片,而试验室也不应与生产现场隔离。只有这样,科学实验才是与生产斗争既有区别而又有联系的社会实践与革命运动。但是,"文章"中对科学实践和生产斗争的关系是怎样安排的呢？它说:"科学实验是物质生产活动的一种特殊的准备和试探……把从科学实验中得到的对自然界的认识,运用到生产实践中去……""近代生产技术的发展,就不再仅仅依赖于生产实验的经验,而且依赖于在实验基础上越来越发展的科学,依赖于实际经验和科学实验的结合""现代技术的特点,就在于它们是科学发展的产物,科学的进步,给技术提供了崭新的动力、崭新的材料、崭新的生产工具和工艺方法""在科学实验中探索自然规律,是一个认识过程,在生产技术中运用这些规律,也有一个认识过程。后者是前者的继续,并且也要依靠科学实验""生产性实验,是扩大了的科学实验,是在比较接近具体的生产条件下进行的科学实验""从科学实验,经过生产性实验,到大规模的生产实践,这是人的认识不断丰富和发展的过程,也是从认识自然界到改造自然界的飞跃过程。通过这个过程,科学实验逐渐转化为生产实践""……那么,人们就可以有意识地把那难以避免的反复失败的过程,尽可能地放在先行的、小规模的科学实验中实现"。从以上这些话,可见"文章"的主要论点是:在科学实验和生产实践的关系中,对于生产活动是强调先探索后运用的一面,对于生产发展是强调先科学后技术的一面,对于自然界是强调先认识后改造的一面;至于"运用对探索""技术对科学""改造对认识"的启发、促进、验证等等作用,也就是带头和巩固的作用,就都不必提了。因此,对于科学实验就强调先室内后现场,先专家后群众的一面,而不提生产现场、广大群众对科学实验的积极作用。在这里,"文章"显然突出了"先理论后实践"的观点。

科学是生产经验的总结,即是从生产技术总结出科学,从实践总结出理论,然后以科学理论指导生产实践,再从新的技术产生新的科学,如此往复循环,以至无穷。理论的基础是实践,又转过来为实践服务。通过实践而发现真理,又通过实践而证实真理和发展真理。感性认识和理性认识，只有在实践的基础上才能统一起来。由于科学实验是社会实践，它在从生产到科学、从科学到生产的过程中，就应当起发现真理、证实真理、发展真理和统一感性认识、理性认识的桥梁作用。科学技术发展史中的无数事实完全证明了这一点，不过以前没有科学实验这个名词，它在历史中的作用，还只是"有实无名"。

　　资本主义国家科学家除为资本家雇用外，总是把生产和科学的关系割裂开来，认为科学是学院里试验室的产物，甚至是书斋讲坛上的产物，有了结果，公之于世，就不管了，幸而为某一种生产所采纳运用，就算是科学产生了技术。如果他的成就为资本家用作剥削工具，他还坐在鼓中。他们不了解，所有他们开始研究时所具有的科学观点、科学假设，追溯既往，都直接间接来源于前人的生产经验的总结；也不接受所有他们的研究成果，最后都要经过生产验证才算数；认为生产是和他们的"清高"工作无关的。在他们看来，他们的任务只是对自然规律的认识和生产这种认识的"精神产品"，而不承认对自然界的认识（科学理论）是要通过对自然界的改造（生产技术）才能不断深化的，精神产品首先是要从物质产品来的。更不相信，他们的研究成果所以能给生产以新动力、新材料、新工具、新工艺，正是由于在发展新技术中，通过实践,由广大群众对无数的研究成果,寻找、验证、判断、总结的结果。只有在实践基础上,才能进一步把精神产品变为物质产品。在他们看来,科学研究是先于生产实践的,在科学研究中,数理分析是先于科学试验的,总是片面强调在室内作理论研究的重要性,而不承认在生产实践中可以探索出自然规律:从生产的新技术可以发展出近代科学;如果没有生产新技术,近代科学就是无源之水、无根之木。对理论与实践的关系,他们认为谁先谁后,并无定律,好像一时是"鸡生蛋"、一时是"蛋生鸡"。他们说,要做科学试验,难道不先有理论,而先在试验室里瞎摸吗? 因而对他们"学者"来说,科学工作总是先理论而后实践的。他们不理会,从他们一生的知识来源过程以及整个的科学发展过程来说,都是先有实践后有理论,然后再有新的实践、新的理论,而不应割断历史,就一时一事,半路上从理论开始。只有在实践基础上,科学研究才能总结出理论,才能指导生产实践。所有上述科学和生产关系中的实践基础,就是我们所谓的科学实验。在资本主义制度下,革命运动的科学实验当然是不存在的,有领导、有组织的群众性的科学实验也是不可能的。然而,通过群众智慧,在生产中进行的总结经验、检验理论的工作,实质上即是自发性的科学实验。然而那里的科学家重理论轻实践,先理论后实践,脱离生产、脱离群众,是看不到这一点的。

"文章"中对抱有唯理论观点的自然科学家和抱有经验论观点的自然科学家，都做了正确的批判。但是，对于科学实验的探讨所发挥的这种论证精神，似嫌不足。不但具有广泛群众性的科学实验，未曾触及，而且对科学实验中的专家研究，也未谈到其与生产实践的正确关系。比如，"文章"提出"实际经验与科学实验的结合""科学实验逐渐转化为生产实践"时，过于强调科学实验与生产实践的差别，把它们扩大为矛盾的对立面，其实生产不合科学就不能成功，科学实验与生产实践实质上都是科学实践的不同形式。正如"文章"所说，科学实验"实际上是一种简化了的、缩小了的或者模拟的生产过程"，而"生产性实验，是扩大了的科学实验"，这里所谓生产性实验即是生产实践的一种，因为如果把群众性的科学实验来扩大，那就当然成为群众性的生产实践了。

（4）科学实验同阶级斗争的关系又是怎样的？上面提出的三个问题，在"文章"中都列入第一部分"从马克思主义认识论来看科学实验"中来讨论，想不到这第四个问题，关于阶级斗争问题，却并入第二部分，和社会主义革命、社会主义建设一齐来谈了。其实前三个问题都与第二部分有关，而阶级斗争问题更应是第一部分的主要内容。为什么第一部分的认识论里可以不提科学实验和阶级斗争的关系呢？经过前后比较，就不难发现，原来在"文章"的第一和第二部分里所指的科学实验，并不是一个东西，在第一部分里的科学实验，实际是专家学者关在试验室里所做的科学试验，而第二部分里的科学实验，却是我们所了解的群众性的社会实践与革命运动，因而在第一部分里，阶级斗争就和科学试验联系不上了。自然科学本身没有阶级性，作为研究"工具"的科学试验本身，当然也没有阶级性。"文章"在谈到"人们的认识从感性到理性的发展过程"时，提出科学试验在三方面的特点和作用，其中关于人的生理功能、研究对象的控制和同科学理论的联系等等，都不会有阶级斗争。尽管"文章"的第一部分的标题是"马克思主义的认识论"，阶级斗争虽然极端重要，也就无从谈起了。

我在读"文章"的第二部分时，每遇到科学实验字样，如联系到第一部分中对这四个字的解释，就苦于格格不入，读不下去；但如撇开第一部分，仍然按照我所理解的科学实验来读，那么，"文章"的论点，我就基本能接受了。比如"文章"在第二部分的开始第四段中说"在新的革命阶段……科学实验就提到革命斗争的重要议事日程上来了"。但是，刚刚在第一部分的末尾，"文章"还把科学实验当做是为了认识自然的，生产实践是为了改造自然的，要通过一个认识的飞跃过程，科学实验才能逐渐转化为生产实践，怎么现在，忽然地，科学实验就被提到革命斗争的重要议事日程上了呢？难道要进行革命斗争,才能认识自然吗? 可是如果不先看第一部分而马上看第二部分,科学实验要提到革命斗争的议事日程,是一点没有错的,因为科学实验本身就是群众性的社会实践、群众性的革命运动。

不免遗憾的是,纵然撇开第一部分来谈"文章"的第二部分,对于科学实验和阶级斗争的关系究竟是怎么一回事,仍然是看不清楚。"文章"在这个关系上,有一大段标题为"从事科学实验决不能忘记阶级斗争",令人触目惊心,然而这一大段的内容呢? 所谈的都是泛论从事科学技术工作决不能忘记阶级斗争,而非专论对科学实验在阶级斗争中有什么特殊要求。要想在这个问题上和"文章"讨论是办不到的,因为无"的"可以放矢。

(5)科学实验在建设社会主义的伟大事业中有怎样的意义? "文章"的第二部分,洋洋七八千言,都是为了讨论这个问题的,但是如果细细阅读,就会对它有文不对题之感,因为它全篇所谈的都是关于"生产力""技术基础""最先进的科学技术""干部学习科学知识""知识分子劳动化"等等问题,而对于科学实验本身的重要性,只在很少地方(不过几百字)顺带提了几笔,并未加以说明。如果在这第二部分内,把提到科学实验的话都取消掉,它依然不失为一篇漫谈科学技术的大文章。

现在就对"文章"中顺带提到的科学实验与社会主义的关系问题,进行一些商讨。"文章"用了很多篇幅来说明"生产力""技术基础""最先进的科学技术"等等和知识分子的思想改造对于社会主义革命、社会主义建设的重大作用,无非是想通过这些因素来探讨科学实验的推动力量。然而这些因素也是和阶级斗争、生产斗争有关的,它们无论如何重要,都不能仅仅写在科学实验的这一本账上。然则三大社会实践和革命运动之一的科学实验,对于社会主义事业的作用究竟何在呢?可以说,这是"文章"一再想说,而终于吞吐其词,未曾说清楚的。试看"文章"中对这问题所说的几句话:"迅速发展科学实验,逐步实现技术革命""科学实验也将由于同广大工农群众的实践经验相结合,而更加丰富起来""广大工农群众直接参与科学实验……在科学实验发展史上,是前所未有的革命变革"。难道科学实验和技术革命是两回事,一定先要发展科学实验,才能逐步实现技术革命吗?科学实验是在科学技术专家的科学试验发达以后,才和广大工农群众相结合的嘛,为何要"也将由于",才更加丰富起来呢?广大工农群众直接参加科学实验,是前所未有的革命变革,那么,为什么说,科学是生产经验的总结呢,生产经验能够总结出科学,创造生产经验的工农群众难道就从未直接参加过科学实验吗?很显然,"文章"在这几句话里所提到的科学实验,仍然没有摆脱它在第一部分中对科学实验所规定的范畴，也就是学者专家科学试验的范畴。

以上对"文章"所提的五个问题，依照我对科学实验的肤浅认识，作了一些分析，企图澄清这篇"文章"所引起的思想混乱。思想所以有混乱，即因"文章"未把科学实验的各种类型分别清楚。如果预先申明：专家在室内的科学试验、群众在生产现场的科学实验以及工业的技术革新、农业的技术改革、医学卫生事业的推广工作等等都是科学实验，本文在第一部分谈专家的科学试验，第二部分谈群众的科学实验，那么，我这篇文章就不必提到那一篇"文章"了。如果"文章"作者认为第一部分所谈的就是不折不扣的全部的科学实验，那么，他所了解的科学试验是什么呢？

上面是我根据对科学实验的学习，提出不同意见，和龚育之同志商榷的。那么，我自己对科学实验的认识和体会是怎样的呢？前面提过初步体会，现用提纲形式写出我的全部见解，所有一望而知的含义，读者自可意会，就不东抄西引，以节篇幅。

甲　科学实验的性质（是什么）

①伟大的群众性的为无产阶级政治服务的革命运动。

②阶级斗争、生产斗争的"同盟"斗争（相互结合，相互服

务。阶级斗争改造社会,生产斗争改造自然,而科学实验则是在为阶级斗争、生产斗争服务中同时改造思想,使主观符合客观,进行自我斗争)。

③有领导、有组织、有计划的在生产现场和有关战线上的广大群众的社会实践(扩大眼界,增强信心,团结一致,解决内部矛盾,发挥集体力量)。

④革命化、现代化的生产实践(集中的、"样板"形式的、解决生产问题的实践活动)。

⑤总结生产经验,探索自然规律的科学实践(从观察、试验、分析、集中群众智慧,将感性认识提高到理性认识)。

乙　科学实验的作用(为什么)

①为阶级斗争、生产斗争发挥科学力量,促进一切工作的革命化(一切通过试验,科学化的社会主义所必需)。

②破除迷信、普及科学,提高各个生产战线上的科学技术水平,为建设社会主义总路线服务。

③为生产上的"比学赶帮超"供应"试验场"。

④发动群众的科学精神,壮大人民的科学队伍。为劳动人民知识化、知识分子劳动化开辟新阵地。

⑤发展科学研究,改革科学教育,加速我国科学技术的

现代化。

丙　科学实验的形式（什么样）

①为生产服务的专业专家的科学试验（深入实际，远近
　结合，运用现代科学技术的试验研究工作）。

②为了解决生产中关键问题，在生产现场建立的群众性
　的科学实验小组（摸索经验，点面结合，运用现代科学
　技术成果的调查研究，试验分析工作）。

③创造性、模范性的技术革命，包括工业中的技术革新、
　农业中的技术改革和医学卫生事业中的推广工作（促
　进科学，土洋结合，提高劳动生产率，为经济上的自力
　更生充分创造条件）。

④科学研究机构为群众开门，专业专家在生产现场
　蹲点。

⑤把以上各种形式的科学实验联系起来的各种三结合，
　如实验、示范与推广，设计、生产与使用，生产、研究与
　教育，等等。

丁　科学实验的内容（怎样搞）

①认真学习马列主义毛泽东思想，在科学实验中活学
　活用。

②在生产现场，边生产，边斗争，边学习，边试验，边研
　究，结合理论与实践。

③在实践与运动中,领导参加劳动,专家深入群众,群众向科学进军,形成核心作用的三结合。

④"三敢"(敢想、敢说、敢干)的实践,"三严"(严肃、严格、严密)的试验(用科学态度、革命精神,通过实践,实事求是地检验矛盾,验证真理)。

⑤发扬《实践论》精神,在学习中,从实践到理论,从技术到科学,从自我认识到学习继承,先知其然,而后知其所以然。

以上就是我对科学实验的初步的学习心得。我深深感到,像科学实验这样伟大的思想,绝非我一时所能体会周全的,必须更好地学习毛主席著作,来为获得它的完整概念而努力。

原载 1965 年 11、12 月《新建设》

为劳动人民服务的科学体系[①]

——试论"综合自然现象"的按生产过程分类的科学体系，以别于"分析自然现象"的按学科分类的科学体系

  "在漫长的人类历史上，广大劳动人民一直被关在理论知识的大门之外。一提起理论，人们就会想到这只是知识分子的事情。在今天的中国，在党的领导下，广大的工农兵群众，闯开了理论知识的大门，开始掌握哲学、社会科学的理论，也开始掌握自然科学的理论。从此，少数知识分子垄断理论的局面被打破了，工农兵群众掌握理论的新的历史时代开始了。"（《红旗》1966 年第 2 期，第 17 页）

---

  ① 关于此文，茅以升曾说："专业科学这个概念是我学习毛主席著作的一种心得，在思想上已经酝酿了好多年。五年前，写过一篇《试论专业科学与专门科学》的稿子，登在《光明日报》上（1961 年 3 月 6、7 两日）。如果把我这前后两篇稿子，合并看一下，我的观点就格外清楚了，因为它们可以互相补充，而内容并不甚重复。"1964 年，茅以升写作的《科学工作的群众化、革命化》一文亦是论述相关论点，可算是本文之前的一个过渡。

广大劳动人民开始掌握自然科学的理论,确是新中国的一件翻天覆地的大事,这只有在党领导的社会主义制度下,才能在知识领域内冲破黑暗而出现。为什么劳动人民掌握科学(自然科学,下同)理论这么困难,要经过千辛万苦,等到解放,做了国家主人,才有可能开始呢?"科学的发生和发展,都是由生产所决定的。"(恩格斯语)劳动人民直接从事生产,通过亲身实践,每天都和自然界的客观规律打交道,并且认识到规律与规律之间的各种联系,这种规律和联系,不就是科学理论吗?科学不就是生产经验的总结吗?劳动人民是历史的主人,是通过生产斗争、阶级斗争和科学实验三大革命运动而成为主人的,为什么在漫长的人类历史上,有着丰富的生产斗争经验的人,提供这种经验去总结出科学的人,用自己的实践来实验科学的人,总之是和知识分子共同创造出科学的人,反而一直被关在科学理论的大门之外,而成为"科学盲"呢?

为什么劳动人民有技术而无科学?

缺乏文化教育,不能读书写作,当然是一个极重要的原因,这是劳动人民受了千年来压迫剥削的结果。然而为什么他们倒能掌握生产技术,并且一面提高它的水平,一面把它传之后代呢?不论任何生产技术,不是都有它的规律性和系统性吗,为什么不一定有文化居然就能把它掌握得很好呢?

既然能够掌握技术,为什么不能进一步掌握科学理论呢? 难道缺乏文化就是唯一的理由吗? 是不是有了文化,就能掌握呢? 现在举一个例子。

一位有高中文化的生产螺丝钉的工人,生产技术很高,想要掌握有关螺丝钉的科学理论。照过去的办法,他该怎样办呢? 首先,他买不到一本专讲螺丝钉科学理论的书,他所能看到的都是关于生产螺丝钉的技术的书,而在这类书里,他只能了解到螺丝钉应该怎样生产,而不能彻底明了,为什么要这样生产,其中道理何在。为了学习科学道理,他便只有一条路可走——走普通学生所走的路。先读几门必要的基础课,如数学、物理、化学等等;再读一些有关螺丝钉生产的专业课,如工程力学、机械学、机械制造学、机床学、动力机械学、热加工学、冶金学、金属学、电工学、自动学等等。每一门课就是一个"学科",都有它的完整系统,写在一本厚厚的书里。必须把这许多学科的书,完全读懂,才能从里面斟酌取舍,整理出一套螺丝钉科学理论,用来说明螺丝钉生产技术的"所以然"。这样学习,是不是可能呢? 问题不在读书多,而在读了有多大用。在这许多学科的书里,究竟有多少内容和生产螺丝钉有直接的密切关系呢? 非常之少! 为了这样少的内容,而要读那么多的书,是不是可能呢? 对负有生产任务的劳动人民来说,这是不可能的,于是生产螺丝钉的工人就被关在螺丝钉的科学理论的大门之外了,这难道是因为他缺乏文化吗?

科学理论要有系统

为什么有很多关于螺丝钉技术的书,而没有一本专讲螺丝钉科学的书呢? 因为科学是理论,而理论要有系统,科学更要有体系;上面提到的"学科",就是贯串理论的工具,所有有关学科安排在一起,就构成科学的体系。宇宙间的一切科学理论,都包括在各学科之内。发现的新理论,不能归纳于旧学科时,就形成新学科。螺丝钉的科学理论,既然已经分见于各学科,要哪一类的理论,就在哪一学科里去查,何必单写一本螺丝钉科学的书呢? 何况螺丝钉只是机械工业里的一项小产品,工业里这样的小产品多得数不胜数,难道有一种小产品,就要为它专写一本科学的书吗? 这就是西方科学界的传统观点,其根据是:自然界是一个整体,真理只有一个,科学只有一个,因而科学体系也只能有一个。这便是久已定了型的"学科体系"。让我们来研究一下,这种学科论点,是不是一个"洋框框"。

首先一个问题是:像螺丝钉那样的小产品如此之多,能不能专为它写一本科学理论的书;能不能为这样无数多的小产品,对每一种小产品都写一本科学理论的书呢? 这不是能不能的问题,而是值得不值得的问题。如果值得,就没有什么不可能的事。螺丝钉虽小,但用处极大,种类极多,每种数量惊人,从事它的生产的工人也就不在少数。如果全国螺丝钉工人占有相当大的一个数字,为这样多的工人专写一本螺丝钉科学的书,是否值得呢? 在西方科学家看来,这是不值得的,但在我们为人民服务的科学家看来,这是完全值得的。其他小产品也一样,至于大产品,就更不必说了。因此,问题不在产品的大小,而在每一种产品,能否有一门系统科学来说明它的生产理论。假如有的话,这种系统科学是怎样的一种科学,它和学科体系的科学,有什么不同,有什么关系?

什么是科学理论? 就是自然界客观规律的形成及其系统化。客观规律是自然现象的变化规律,也就是物质运动的变化规律。不论在学科体系的科学里,还是在螺丝钉等的产品科学里,当然都是一样的。但是,如何把大量的客观规律组织成一种系统,并把不同种类的系统组成一个科学体系,就不应当是一成不变的,而应当看这系统化和体系化的目标何在。为什么这样做而不那样做,学科体系的科学是怎样形成的呢? 有无必要和可能来形成另外一种所谓产品科学的体系呢?

学科科学的体系

先谈学科体系。它的最初目的是为了认识自然,因而学科的划分标准就是自然现象的分类,如"电学"是关于电的现象的科学,"光学"是关于光的现象的科学。在每一学科里,把同一类自然现象的客观规律,依照它们在这一类现象中由表及里、由浅入深的发展过程,系统化起来,就形成一门基础科学。上面提到的基础课,如数学、物理、化学等课,就属于基础科学的学科。其后这类学科应用于生产技术愈来愈多,而在生产技术中,原来无甚关系的种种物质运动,突然有了交错综合,产生了新的"边缘"的自然现象,其交错综合的规律,连同基础科学中的有关规律,通过系统化,就形成前所未有的学科。这一类新型学科内的客观规律,都属于同一个技术系统,因而形成各门技术科学。基础科学里所解释的自然现象,都是原有天赋的本来面目,而在技术科学里所解释的自然现象,则大半是通过人工改造的"化装面目"。这两种科学里的客观规律,都是按照比较单纯的标准系统化起来的,在基础科学是自然现象的一个种类就形成一门学科,在技术科学是一种生产技术里的自然现象就形成一门学科,它们都是"一门学科,一类现象"的科学,然而这一类现象就包括了所有这一类的现象在内。因此,学科体系的科学,系统分明,不相重复,而又包罗万象,构成完整的体系。这是几百年来的科学家费尽心血的卓越成果。因而在科学家看来,一提到自然科学,不是基础科学,就是技术科学,除了这种学科科学,再没有任何其他体系的科学了。这个"洋框框"要不要打破呢?

工业产品的科学系统

技术科学是各种技术的科学,比如有热加工的技术,就有热加工学的科学。每一门技术科学都有它的系统性和完整性。螺丝钉科学,如果有的话,就应当是一门如何生产螺丝钉的科学。生产螺丝钉要有多种技术,其中就有热加工。热加工的方法很多,螺丝钉所用的只是其中一小部分。热加工学里有关这一小部分的理论,应当就是螺丝钉科学的组成部分。把所有有关螺丝钉生产的理论,从所有有关的技术科学学科中提炼出来,按照生产过程中所用技术的先后次序,原原本本,组成一个系统,这不就是一门螺丝钉科学吗?这样一门螺丝钉科学应当有它的系统性,因为它所解释的各种有关技术,是有一定的连续性和配套性的;同时也有它的完整性,因为所有有关螺丝钉技术的理论都已包括在内了。螺丝钉科学如此,其他各种工业产品也一样;就是说,任何一种产品所用各种技术的理论组织在一起,就形成这一产品的科学。这是在这产品的生产过程中,对于出现的自然现象的客观规律,按照发展顺序,整理起来的产品系统化的科学。由于同类产品的生产属于生产中的一个专业,因而这类产品的科学就构成一种专业科学。如同学科科学构成一种科学体系,这种专业科学能否也形成一种科学体系呢?

技术科学的每一门学科,只讲一种技术系统的理论,但可应用于多种产品,即需要这技术系统中任何部分理论的产品。专业科学的每一种产品科学,只讲这种产品系统的理论,但却包括多种学科中有关这一产品的理论。因此,专业科学里的理论,不像学科科学是一个学科为了一类的自然现象,或一类技术系统中的自然现象,而是为了某一产品在完成过程中所遇到的各类自然现象。它是"一种产品,各类现象"的科学。它包括的现象是复杂的,但对每一现象所用的规律是不多的。显然,专业科学的体系是完全不同于学科科学的。

农业产品的科学系统

再以农业产品为例。农业的"八字宪法"总结出生产农作物技术中的普遍真理,每一个字代表学科科学中的若干学科。比如"水"字就代表气象学、水文学、水力学、河流泥沙学、水工结构学、灌溉学、水生物学、水文化学、水文地质学等等,这些学科都各有完整的科学系统。任何农作物所需解决的关于水的一切问题,都可从这许多学科里找到科学理论上的答案。但是,对任何一种农作物,比如稻子或棉花来说,需要用到这许多关于水的学科里的科学理论只是每一学科的一个极小部分,甚至有的学科完全不需要。并且,稻子所需要的部分,不同于棉花,不但学科门类不同,而且每一学科里所需的理论也不完全一样。关于水的科学问题是这样,关于其他七个字的科学问题也是这样。因此,稻子所需要的"八字宪法"的内容,完全不同于棉花所需要的,因为种稻的科学理论,有稻子的产品系统的客观规律,而种棉花的科学理论,又有棉花的产品系统的客观规律。稻子的"八字宪法"就构成"种稻学"的专业科学,棉花的"八字宪法"就构成"种棉学"的专业科学。它们不同于学科科学里的"稻作学"或"棉作学",因为这两门学科只包括"八字宪法"中的一小部分而非全部,特别是不包括基础科学中的有关部分。"种稻学"或"种棉学"则不然,它们包括所有有关种稻或种棉的一切科学理论的知识,既有系统性,更有完整性。它们都是产品系统化的专业科学。

产品系统化的专业科学

工农业生产的最后表现形式是产品,每种产品生产过程中自然现象客观规律的系统化就形成这种产品的科学,大至铁路,小至螺丝钉,都一样。把同一类专业的产品的科学,整理配套起来,就形成这一类专业科学的系统,如同学科科学中一门学科的系统一样。再把所有工农业生产的各类专业科学组织在一起,就形成自然科学中,除去学科科学体系以外的,另一种的专业科学的体系。这一体系的自然科学应当是客观存在的。在生产过程中,时时都是改造自然的生产斗争,都有改造与反改造的矛盾,其矛盾转化的规律即是生产中物质运动的变化规律。毛主席在《矛盾论》里说:"科学研究的区分,就是根据科学对象所具有的特殊的矛盾性。因此,对于某一现象的领域所特有的某一种矛盾的研究,就构成某一门科学的对象。"如果把产品的生产过程当做现象领域,在这领域内研究现象中的特殊矛盾性,这不就构成了专业科学的研究对象?《实践论》里说:"认识的真正任务在于经过感觉而到达于思维,到达于逐步了解客观事物的内部矛盾,了解它的规律性,了解这一过程和那一过程间的内部联系,即到达于论理的认识。"如果把产品的生产过程理解为客观事物,内部联系理解为系统化,那么,在生产过程中,经过对完成产品的感觉,到达对自然现象特殊矛盾性的思维,因而了解到矛盾的规律性,了解到规律的系统化,这不就是从研究专业科学的对象而到达于它的科学体系的理论的认识吗? 可以肯定,建立专业科学的体系,是有充足根据的,是完全可能的。

专业科学与学科科学的关系

现在再从专业科学和学科科学的区别和联系,来看它存在的可能性。它们的联系是自然界客观规律(以下简称"自然规律"),它们的区别是自然规律系统化的目的不同,因而分类和归纳的标准不同,犹如儿童的积木玩具,同一积木,搭法各异。

基础科学是在认识自然中,按自然现象的种类,把自然规律就其发展过程系统化起来(以下简称"规律的现象系统化")的科学。

技术科学是在改造自然中,按生产技术的种类,把自然规律就其发展过程系统化起来(以下简称"规律的技术系统化")的科学。

专业科学是在生产斗争中,按完成产品的种类,把自然规律就其发展过程系统化起来（以下简称"规律的产品系统化"）的科学。

　　基础科学和技术科学的规律系统化的标准是比较单纯的——不是一种自然现象就是一种生产技术，这个单一标准的内容，可以形成一个专门的学科，因而基础科学和技术科学在一起，就构成学科体系的自然科学。专业科学的规律系统化的标准，从自然现象或生产技术而言是比较复杂的，但从生产专业的产品而言却又是简单的——一种产品一个系统。产品分属各专业，所有专业的科学在一起就构成专业体系的自然科学。可以说，专业科学是有关学科里有关理论的综合，而学科科学又是有关专业科学里有关理论的综合，不过综合的目的和根据不同而已。

　　由于都和生产有关系，既然有了技术科学何必再添出一种专业科学呢？如果专业科学里的理论，完全包括在技术科学和基础科学之内，那么，专业科学好像不过是把学科科学的自然规律根据需要重新排队而已，把规律的现象系统化和技术系统化改编为产品系统化而已。然而不然。第一，专业科学的规律的产品系统化，限于一种产品、一个系统，因而改编、排队时，对于各门技术科学的各个技术系统，以至每一技术系统内的各种规律，是有所选择的，并且是按产品需要而分出轻重的。因而同一自然规律，在专业科学里的重要性，是不同于在学科科学里的。轻重不同的规律,在系统化的排队里,占有不同的地位。第二,完成一种产品,需用多种技术,不能说所有这许多技术的理论,都已包括在技术科学各学科之内,如有技术科学所缺的理论,这不是专业科学所独有的理论吗？这种理论是要在生产中总结出来,以补技术科学之不足的。第三,在产品生产中所用各种技术是有一定流程的,先后两道技术工序具有一定的连续性和交叉性,在从一种技术过渡到另一种技术的时候,就会发现一些"边缘"的自然现象,为有关技术科学所不能解释。在技术科学里还未将这类边缘现象的理论形成一种边缘学科时,这类理论也是专业科学所独有的。这些问题都是用以说明,专业科学对技术科学的相对独立性。

专业科学是客观存在的

技术科学来源于基础科学,它们是一脉相承的。由于它是基础科学在生产中的发展,技术科学就可进一步地在生产专业中发展为专业科学。好像棉花在生产里织成棉布,而棉布在专业里缝成棉衣。棉布是棉花到棉衣的过渡,技术科学是基础科学到专业科学的过渡。这是从科学发展史来解释的,因为学科科学本来是先由知识分子创造成功的。假如科学是由劳动人民创造的,因为科学是生产经验的总结,而劳动人民就是从事生产实践的,那么,他们所创造出的科学一定是专业科学,而非学科科学。比如,我国老农对种稻种棉的经验,总结出来,就是种稻种棉的专业科学。甚至我国传统的医学也可看做是一种专业科学,因为它是把人身当做一个整体、一种"产品",而对病理、药理中的自然规律产品系统化起来的科学。不能因为"中农""中医"不能用学科科学的理论来解释,就否定它们的科学性,实际上,它们是用了另外一套名词、一套系统的十足道地的科学。最充足的理由就是如果没有"中农""中医",我国到今天就不会成为一个有七亿人口的伟大民族。因此,在生产里发展科学,应当是最合理最自然的。人类要科学就是为了生产,而不是为科学而科学,专业科学的出现,本来应当早于学科科学。

由上所述,可得结论:自然规律产品系统化的专业科学,不但是可能建立的,而且在我国早已是客观存在的。现在我国"十年科学规划"的分工就有学科组与专业组之别,学科组的任务是规划学科科学,专业组的任务,实际上就是规划专业科学,不过看不出产品的系统而已。又如现在的科学研究机构,就有很多是以专业科学命名的,如铁道科学、建筑科学、电器科学等等,不过研究对象包括学科科学而已。

专业科学是必要的

如果建立专业科学是可能的,那么,应当进一步说,在我国社会主义建设中,它更是必要的。这可从生产、教育、研究三方面来谈。

关于生产,科学所起的促进作用是极端重要的。沿着正确政治路线,科学作为工具,成为发展生产的一种动力。在西方科学家看来,生产的日新月异是科学应用的结果,他们强调理论指导实践的一面,而轻视实践中理论提高的一面。他们指导实践的理论是什么呢,就是学科科学。用学科科学中的什么东西去指导呢,就是各学科中有关自然现象的各种客观规律。由于生产中的自然现象是复杂的,不但不属于一种性质而且不属一个技术系统,在采用客观规律时,就要打破学科系统,挑选出最有用的客观规律,重行整理,应用到生产中去。科学家苦心孤诣所创造出的学科系统,在生产中不但是不需要的,反而是起分割作用的。专业科学则不然,它所包含的客观规律与学科科学是相同的,同样可应用于生产,但它把规律的系统编制成和生产的过程一致,亦即使规律产品系统化,那么,在应用时,规律与生产就自然投合了,就不必先拆开再整理了。比如生产螺丝钉,有了螺丝钉科学的一本书，所需指导实践的理论，就可一览无遗，不必旁求他书了。科学知识是武装劳动人民进行生产斗争的重要武器。有了科学知识，就能更好地掌握技术，提高劳动生产率，巩固成果，推陈出新，为开展技术革命、技术革新，准备更充分的条件。因此，专业科学的产品系统化，不仅在理论上更便于指导产品的生产，而且在实践中更能发挥产品生产者的智慧和力量。

关于教育，专业科学的作用就更加显著了。如前所说，那位生产螺丝钉的工人，由于学科科学的"远水不救近火"，感到科学无门可入，如果看到专业科学中的螺丝钉科学，必将惊喜若狂，因为他目前所需要的科学知识，"尽在此书中"了。这本书不但包括生产螺丝钉的一般理论，而且所讲的理论系统和他实践的生产系统是一致的，他就可"做什么，学什么，边学边用"，使理论结合实际。他是带着生产螺丝钉的问题来学螺丝钉的理论的，他是先知技术的"然"，然后来学科学的"所以然"的。这是专业基础上理论化的学习方法，这不是最适合劳动人民的需要吗？在这里，编写教材的工作当然是十分重要的，必须在党的领导下，通过干部、专家、群众的三结合，共同进行。好在学科科学的教材已经齐备，可从那里选出有关的自然规律和理论，按产品的生产系统，采用"卡片查书"的方法编辑成书，并可按不同水平编成初级、中级、高级成套的书。编书的过程就是建立产品科学系统的过程。把各种产品的书,按专业来分类,就集成各专业的科学丛书,而全部专业科学的丛书,就构成专业科学的完整体系。在编书过程中,劳动人民根据亲身实践,总结经验,对书中理论,还可有所改进,有所补充,有所提高。

关于科学研究,首先应当肯定,生产现场是进行三大革命运动中的科学实验的主要阵地。在技术革命、技术革新的运动中,掌握了科学知识的劳动人民,必可将生产中的新技术上升为科学中的新理论,而获得科学实验的新成果。这就积累了科学储备,扩大了科学领域。在劳动人民手中这样发展出来的科学是怎样一种体系的科学呢?无疑是专业科学而非学科科学,因为在生产中所能接触到的自然规律的系统,只能是产品系统而非学科系统。所谓科学实验的新成果,就是新的自然规律,它可能是学科科学中已有的,但更可能是没有的,把它反馈到学科科学中去,就为整个科学增添了财富。科学界中对于"任务带学科"或"学科带任务"的问题曾有过长期争论,但这对专业科学是不存在的。可以预言,在我国科学技术"赶超"世界先进水平的斗争中,专业科学将是"青胜于蓝而不出于蓝"的重要武器,这里的"青"是科学实验的新成果,而"蓝"就是学科科学。为什么呢?劳动人民有了"知其所以然"的专业科学知识以后,在遇到"知其然"

的偶然性新发现的时候,就会抓着机会不放,深入研究,因而打破学科科学中的旧框框,有所创造,有所前进。这将是我国劳动人民为科学服务的新方向。正如毛主席对文学艺术的来源指示的:"人民生活中本来存在着文学艺术原料的矿藏。"专业科学发源地的生产现场本身就是一个"科学创作"的"大熔炉",可以冶炼出无数的自然规律来丰富科学的内容,提高科学的水平。

专业科学是劳动人民的科学

从它对生产、教育和科学研究的作用看来,专业科学和生产现场以及生产中的劳动人民是有紧密结合、不可分割的关系的。它是在生产实际中、在生产群众中"发生和发展"起来,而非仅仅由"生产所决定"的科学。它是最合劳动人民需要,最能为劳动人民服务的科学,也就是在我国社会主义建设中,必不可少的一种科学体系。在各种革命运动中,如"知识分子劳动化,劳动人民知识化",专业科学更可起一种桥梁作用。在我国消灭三大差别的伟大斗争中,专业科学也可有特殊任务;生产中的"亦工亦农",教育中的"半劳半读",科学研究中的"下楼出院""边产边研",都少不了科学这一根"红线"来贯串,而贯串得最彻底的科学应当就是专业科学。因此,专业科学是社会主义革命中必可形成的一种劳动人民的科学。

今天,我国广大劳动人民已经开始掌握自然科学的理论了! 他们在党的领导下,通过三结合,做什么,学什么,随着生产需要学科学,按着生产系统学理论,因而在各种"科学实验小组"中取得了发展生产的巨大成就。可以设想,他们所闯开的理论知识的大门,不是学科科学的大门,而是属于生产系统的科学的大门。这应当就是专业科学的大门。可以说,工农兵群众掌握理论的新时代的开始,也就是专业科学为劳动人民服务的新生命的开始。从此,科学真正属于人民,成为人民自己的财富。在社会主义土壤上,专业科学发苗滋长,当有无限美好的广阔前途!

1966 年 3 月 16 日

科研与科普的十个关系

一、科研与科普,两者都需要时间,都需要扩大科学知识。会不会顾此失彼呢? 其实这两个名词是相对的,同样积累知识,对我是科研,对人是科普。昨天是科研,今天是科普。科普是知其然,科研是知其所以然。昨天的所以然,今天变为"然",产生更新的所以然。科研难,科普也不容易;科研需科普补充,科普中有科研问题。科研可能是科普产物,科普可能是科研动力。科研为生产服务,需通过科普,科普促进生产需要科研开路。同一时间,用于科研,可为科普积累知识;用于科普,可发现科研新途径。同一科学知识,输入则为科研,输出则为科普。科研与科普可以相互促进,两条腿走路,缺一不可。

二、提高与普及。科研是提高科学知识,科普是传授科学知识。提高与普及问题,三十六年前毛主席《在延安文艺座谈会上的讲话》中谈得非常清楚。对科学来说,科研是为了提高,提高的结果就改进了科普,故要"提高指导下的普及"。普及中产生新的问题需要研究,即"普及基础上的提高"。提高的水平有高有低,科普的基础也有大有小。水平愈高,基础愈大,则科学愈发达。拿水库中的水来做比喻,如果水是科学知识,水多了则水位高,发电多,就像科研水平提高了。从水库放水,灌溉农田,放水愈多,科普效果愈好。如果水库内水量不变,则提高水位与放水灌溉是有矛盾的。但如继续不断增加水量,则抬高水位与放水灌溉两不妨碍。因此要统一科研与科普的矛盾,就要多积累科研知识,加速科学知识的交流,不论科研与科普都需要扩大知识面。

三、本职与业余。有人认为,对科研专业人员来说,科研是本职,科普是业余;科研是大事,科普是小事。对广大工农群众来说,科普是业余,科研更是业余的业余。这种看法是错误的。它割裂了科研与科普,更是割裂了科学与生产。科学来源于生产,反过来促进生产。生产要科学化,首先要科普。科普不足之处,要科研。因而生产中群众搞科学是本职而非业余。科研人员需要扩大知识面,而扩大则需要与实际接触,需要与生产中的群众接触,科普工作正是协助科研的提高。科普是科研的来源,怎能是业余工作呢? 对科研人员来说,科普促进科研,丰富科研,是科研工作中的一部分,是可占用六分之五的时间的,搞科普应是本职的一部分。

四、专精与广博。专业是分工的结果。分工越细,专业越精。专精是需要的,但专精不能孤立。专业越精,发生关系的方面越多。如同造宝塔,塔愈高,则塔的基础愈广大。专精需要广博知识,专精的结果也扩大了知识。扩大了的知识提出问题,也提高了专精水平。有时看上去无关系,而实际上有作用。如我的博士副科是科学管理,于造桥大有帮助。故专精需要广博,而广博更提高了专精。

五、独创与交流。科研需独创,科普需交流。我们提倡独创,尽可能发挥个人才智,但不能关起门来苦干,必须时常打听了解外面的情况。有人搞博士论文,关门苦干,结果人家早已出版而不知,工作全废,故交流重要。但也不能全靠别人的劳动成果而坐享其成,必须尽我所能,添砖加瓦,然后才有资格与别人交流。这就是独创与交流的结合。人与人之间如此,国与国之间也如此,我们要积极参加国际交流活动。

六、灌输与启发。灌输是必要的,不论科研与科普都如此。看外文资料就是灌输,然而不能填鸭子。灌输不但要训练记忆力,而且要能有启发作用,加强分析能力。科研专业人员搞科普,就有启发作用。工农群众搞科研实验运动,主要是为了启发,经过启发而后知灌输作用,接受科普更为认真。感性认识上升为理性认识,就有启发作用。灌输不到一定程度不能启发,启发到一定程度又需要灌输。灌输与启发是科普与科研的另一种形式。

七、基础与上层。科研与科普,谁是上层,谁是基础?拿树的根与叶来比喻,如科研是根,则科普为叶,根深而后叶茂。亦即,科研的基础牢固,则科普的上层更发展。但是,叶茂也可根深。科普繁荣了,科研就可更高更专更尖。因此,根据实际情况,科研科普可互为基础与上层。

八、攻坚与推广。攻坚需要科研,推广需要科普,好像科研难于科普。但推广也会遇到难题,在科普工作中,也要攻关。比如普及力学知识,就要说明"力"是什么东西,而这是力学始祖牛顿所未能说明的。科研的高峰是看得见的,科普的深渊是莫测的。

九、古代与现代。现代从古代来。水有源,树有根。搞科学技术现代化,要知道本国科学技术的发展历史,就像运动员要经过体格检查。我国古代科学是怎样繁荣的,近代科学是怎样落后的,都应研究;越深入学习我国古代科学,越能了解自力更生的可贵。

十、现代化与现地化。社会主义的现代化需要结合实际,要适应当地的需要与可能。气象与地理、地质条件以及人民的生活习惯等等各地不同,对科学技术的要求亦有差异,要因地制宜。当然,全世界科技水平的标准是统一的,但每一个国家对现代化要求却不一致。比如荷兰、日本都要与海争地,其海中筑堤造坝的技术世界最高,我们就不必赶超。故现代化的完整意义应包括现地化。

以上十个关系问题,通过对立面的转化,可以统一。统一了这些矛盾,党中央提出的"极大地提高整个中华民族的科学文化水平"的伟大号召就可更早地实现了。

原载 1978 年《少年报》第 3 期

一项非常有意义的工作

——对《铁道科技》的一点希望

　　党的十一届三中全会号召我们把工作的着重点转移到加速实现四个现代化上来。实现四个现代化,需要进行大量的科研工作。科研来源于生产,又服务于生产和促进生产。要搞好科研工作,不仅要有科研工作者,也得靠广大群众。把生产中需要解决的疑难问题带上来进行研究,这就是科研。把科研成果拿到群众中去应用和推广,这就是科普。科研和科普这两个名词,既是相对的,又是辩证统一的;昨天是科研,今天是科普;对我是科研,对人是科普。

　　当今世界进入科学时代,铁路要现代化,铁路职工就一定要学习和掌握更多的科学技术知识。不仅一般职工需要好好学习,专业科技人员也需要好好学习。随着科学技术的突飞猛进,现代科学技术的学科越分越细,但学科间的交叉与渗透却越来越紧密。分工越细,专业越精,发生关系的方面就越多,就越需要多方面的知识,所以对任何人来说都存在一个科学普及和提高的问题。

要搞好铁路现代化,既要求我们搞好科研工作,又要求我们搞好科普工作。搞好科研工作不容易,搞好科普工作也不容易。有人认为,对科研专业人员来说,搞科研工作是本职,是大事;从事一些科普工作则是业余,是小事。我认为这种看法是错误的。科研专业人员如果不把科普工作也视为自己义不容辞的本职工作的一部分,不把自己从事研究的课题的意义和成果充分向本专业、向社会上、向人民做宣传、做解释,那么他的科研成果如何能够被了解、采用和推广呢?同样,科研专业人员如果不注意扩大自己的知识面,不善于把世界上最先进的科学技术知识学到手,不善于最大限度地继承人类的知识财富,也就根本谈不到有所创造、有所前进和有所提高。所以说,科研专业人员绝不能对科普工作漠不关心和等闲视之,而应该用最大的热情和积极性投入到这项工作中去。科普工作是属于六分之五的时间内的工作。

钱学森同志在一次会议上曾发表过一个很好的意见。他说,将来我们对于年轻的科技人员,是不是可以考虑,研究生写论文,或是大学里评讲师的时候,不但要有专业的学术论文,而且得写一篇科普文章。这篇科普文章,也许是对广大群众和青少年的,也许是对专业的科技人员的,或者是对干部的，反正你得写一篇。写出一篇来呢，人家爱看，能说明问题，就够格。因为作为一个专业的科技人员，如果不能够向不是专业的、不在行的人说清楚你要说的科学技术问题，那么你的学习、教育是不完全的。这也说明你自己是不是真懂了这个题目，如果你真懂了，你就应该能够用普通的、通俗的语言，而不是用那些学术词，来说明问题。我是举双手赞成这个提议的。

铁道学会应该动员和组织我们铁路上各方面的专家、教授、研究员、工程师和其他科技人员，多给我们铁路职工们撰写和编写一些科普文章，特别是多撰写和编写一些既结合我们的生产实际需要，又能使我们铁路职工认识到今后科学技术发展的远景和趋势的科普文章，从而激励、鼓舞和引导全国铁路大军爱科学、学科学、用科学的热忱，推动向科学进军的群众运动蓬蓬勃勃向前发展。

《人民铁道》报办了"铁道科技"专版，这很有必要，很好，我们大家都应该积极地给它写稿，把它办好。铁道科学技术是多学科的综合性技术，是大有文章可做的。为了达到更好的效果，虽然是谈科学技术方面的问题的，也要尽量写得有文采、生动活泼、深入浅出、引人入胜。国外和国内都有一些这样的作家，本来是科技人员，在写面向群众的科技作品的时候，尽量把科学和文学艺术结合起来，逐渐有一定文学修养,写的文章有味,让人爱看,吸引人,而不是生硬地、干巴巴地只会运用技术术语、符号和公式。我们应该向他们学习,也做到这样。

原载 1979 年 1 月 7 日《人民铁道》

扩展科普 繁荣创作

今天,广东省科普创作协会召开迎春座谈会,我有机会参加,感到很高兴。首先,我对广东省科普作协取得的成绩和各位同志做出的贡献,表示衷心的祝贺!

自 1978 年 5 月在上海召开全国科普创作座谈会后,各省、市相继成立了科普作协筹委会或筹备小组。接着,各地科技报相继复刊,并出版多种科普刊物。1979 年 8 月,在北京召开了全国科普作协第一次代表大会,成立了全国科普创作协会。之后,各省市也纷纷成立或筹备成立科普作协,这是十分可喜的,是我国科普历史上从来没有过的。我们能参加这个队伍,为四化贡献力量,感到十分欣幸。

现在遇到的问题是:怎样使工作越做越好? 怎样使创作越来越繁荣? 相信各位同志都是胸有成竹的,都会在 80 年代做出新成绩的。

我一向敬佩广东人民,因为他们勤劳、勇敢。因为勤劳,所以在经济文化等方面对国家有贡献;因为勇敢,所以广东成为我国革命发祥地,孙中山先生一生革命都以广东为根据地。在科技方面,广东也是很好的。你们《科学之春》试刊号曾登过我国第一个飞机设计师和飞行家冯如的事迹,这个冯如就是广东人。这也使我联想到广东的科技人才是非常多的,而且很突出。詹天佑是我国第一个闻名的铁路工程师,也是广东人。广东有这么好的基础,我相信广东省的科普工作会日益扩展,科普创作会日益繁荣。

今天大家座谈迎春,我也来凑一角,谈点感想,请各位批评指正。

1. 科普创作应该有多样性。普及科学不但要用书写文字的形式来表现,用其他形式表现也很重要,比如美术、音乐、电影、雕塑等等,都可以配合。前段时间北京搞了个科普美术作品展览,很成功。把科学和美术结合起来,说明科普工作的表现形式范围很广。本来科学就是包括自然科学和社会科学的。科学与文化的结合,不是混合的,而是化合的。这样,科普就不限于文字了,而应包括多种形式。

2. 科普创作要有真实性,一定要"实符其名"。这就是说要做到真是科普,符合科学,必须有真实性,决不能虚假。本来科学就是最尊重事实的,不能掺假的。

3. 应当注意理论性。我们的科普刊物一般介绍科学知识多,谈理论少。其实创作不但要重视实践,还要重视理论,理论不但不能缺少,而且要扩大,使读者不但"知其然",而且"知其所以然"。

4. 要有系统性。连续的写作,积累起来就成了一个系统。单独的稿件是零碎的,但有些系统起来的稿件,就像一本连载小说一样可以连载,还可以编成专集。

5. 要有启发性。我们所说的深入浅出,重要的一点就是要有启发性。一篇文章,不单要介绍某些内容,而且要举一反三,不要使人看完了也就完了。

6. 要有地方性。各省市的科技报,要立足本地,面向全国。各地科技期刊也要有一定篇幅刊登有本地特色的稿件。比如广东,地处亚热带,就要多写些亚热带的内容。

7. 要有集体性。科学的门类繁多,牵涉面很广,有时需要多方面的人合作来写一篇文章,形成集体创作,要通过集体创作来促进我们科普作协这个集体的发展。

8. 还要适当做好青少年工作。去年举办了青少年科技作品展览和青少年科学讨论会。一位 16 岁的高中一年级学生陈博彦发表了一篇关于民用建筑设计的论文,得了一等奖。这个学生是广东人。青少年人才很多,需要我们去发现、培养。

9. 另一个重要问题,是关于工农群众的科普工作如何做。工农群众想学科学,但用什么方法去学呢? 比如做螺丝钉的工人,对生产过程不但想知其然,而且还想知其所以然,即想知道制造的理论,知道制造过程中将会出现什么问题,如何解决。但现在的教科书几乎都是针对学生的,面向工人的很少。螺丝钉制造理论牵涉到一定的数理化知识,一般的工人要先看这方面的书,才能看有关螺丝钉的技术工程书。要看这么多书,一般是不可能的。我们搞科普,能否为他们写一本《螺丝钉科学》,使他们学习后能掌握生产中有关的科学知识呢? 当然,这项工作搞起来是很繁重的。但这是群众需要的东西,我们应该创造条件为他们服务。三百六十行,行行都有科学。我们这样去写,就能使工农群众学好科学,促进生产。我们如果能解决这个问题,就可以为四化做出重大贡献。

1980 年 2 月 7 日,原载 1980 年 5 月《科学之春》创刊号

向铁路现代化进军

铁路是"先行官",大家都这么说,我们搞铁路的人,也这么想。在各项工农业生产中,运输是个必不可少的环节,而在各项运输中,铁路的负担最重,是生产中的继续,因而我们的工作就是带有关键性的。我们不但要贡献力量,而且往往要走在前面,不能拖建设或生产的后腿。看来,这个"先行官"既是光荣,但又确实难当。过去,我们没有辜负人民的期望,今后,我们要更加努力。

既然是"先行官",我们就要向自己提出严格的要求。这些要求都同等重要,列举如下:一是多拉,就是每趟列车要满载,拉的吨数要多。要货等车,不能车等货。二是快跑,火车要跑得快,分秒必争,越快越好,要平稳飞驰,不能时快时慢。三是安全,不出事故,并且要乘客舒适,货运无损,也就是要有较高的运输质量。四是准时,要正点开车,正点到达,要乘客和货主都能按火车时刻表进行计划,火车误点是国家的损失。五是经济,在各种运输中,除水运和管道外,铁路应当最便宜,要千方百计减少各种浪费,特别是视若无睹的微小浪费。

以上五个条件就把铁路这个行当束缚住了,不但形成各种限制,没有活动余地,而且这五个条件,彼此互相矛盾,顾此失彼,很难调和一致。比如,装车过重,影响速度;速度过快,妨碍安全。如果面面俱到,又增加行车成本。怎样才能全面地满足这五项要求呢? 就要总结经验,逐步实现铁路现代化。

我中华民族为勤劳勇敢的民族,自古以来我国科学技术在很多方面居于世界上的领先地位。只是到了 15 世纪以后,才逐渐衰退下来。一声春雷,全国解放,毛主席特别关怀科技事业。敬爱的周总理,遵照毛主席的指示,在四届人大会议上向全世界宣布,要在本世纪末把我国建成为四个现代化的伟大的社会主义强国。

党中央为了提高整个中华民族的科学文化水平,提出向四个现代化进军的伟大号召。我们铁路系统广大职工,与全国人民一道,热烈响应,并且有信心,在四个现代化中,也争取充当"先行官"。

什么是铁路现代化? 首先要了解国外的现代化的现状

和它们发展的趋势。速度是衡量现代化的一个重要标志。现在日本新干线的行车速度达到每小时 210 公里,法国的航空列车的速度每小时 300 公里。他们都在试验气垫和磁垫列车,争取每小时速度达 500 公里,来和国内飞机竞争。美国铁路早已开始衰退,已经拆去不少,近来方有新技术,希望恢复过去的繁荣。速度加快了,铁路先行的其他四个条件又面对新情况,产生了新的难题。要对整个铁路行车装备进行新时代的机械化、电子化与自动化,并使运输管理彻底科学化。更重要的是要铁路线路现代化,包括钢轨、道床及桥梁隧道等都要能承担高速行车。桥梁一孔跨度及隧道一段长度,都在日益延长。日本施工的桥梁一孔跨度达 1780 米,施工的海底隧道一段总长达 54 公里。世界现代化的趋势如此,我们能不急起直追吗? 为加速我国铁路的现代化,提出四点意见。

一、自力更生。首先是要建立社会主义强国。我国地大,物博,人多,有五千年的文化历史。解放后,全国人民政治觉悟提高,经历了天翻地覆的大变化,团结奋斗,敢做前人从未敢做的事。我们正在全国建立起第一流的科学技术队伍,赶超世界科学上的先进水平。铁路系统内高等学校和科研机构也在日益充实扩大,承担着现代化中的基本理论、尖端技术以及我国特有问题的研究。我们的铁道现代化,最能显示出我国自力更生的潜在力量。

二、引进技术。我国古代的四大发明,经阿拉伯而传入欧洲。近代的铁路,由外国而传入我国。若非帝国主义者借此剥削,国际交流,往来贸易,本属正常活动。铁道现代化中,以引进技术作为自力更生的补充,并不失为一种及时的经济手段。

三、加强理论。在技术革新和技术改造中,如只知其然,而不知其所以然,则科学上无由突破,技术上不能革命。不论突破与革命,都不可能偶然巧合,灵机触动,顿觉一线光明,就把荆棘前途照亮了,而总是经过实干、苦干、巧干而终于把理论贯通,摸出自然规律,方能有所独创。铁路里面的理论有两大类:一是自然科学,一是技术科学。虽然都是自然界物质运动的规律,但如何把这许多规律系统化起来,则有不同的综合途径。自然科学的规律是按自然界现象(如声、光、电、磁等等)系统化起来的。技术科学是按铁路建设和运输同各种施工和生产过程,而系统化起来的。对广大群众及干部来说,学习技术科学应先于自然科学。毛主席在《做革命的促进派》一文中劝干部先学技术科学,后学自然科学。

四、重视科普。科学普及工作是钻研科学理论的一个重要阶梯。广大铁路职工,在施工和运输现场,开展科学实验革命运动,就以科学普及工作为主要任务。铁路对科普工作有极优越条件:(1)开行"科普列车"遍历全国,可以深入边疆及内地。列车内有科普展览、报告录音、技术表演和道具等等,以车站为会场,进行广泛宣传。(2)铁路学会各专业委员会可以组织主讲人及宣传队,随科普列车顺铁路沿线做报告。(3)每个工厂、每个车站、每个驼峰编组站都是统一领导的,因而可以按计划,分批分期,进行广泛宣传。(4)增设铁路沿线广播站,按时播放科普节目。(5)由铁道出版社印行各种科普教本、科普丛书刊物。(6)成立铁道科普创作协会,交流写作经验,启发写作思想,并研究科普图画、美术工艺作品等。

党中央要求全国人民大大加快在本世纪内把我国建成社会主义现代化强国的速度。我们铁路系统的广大职工面临这样新时期的总任务,在新的长征途上,更要快上加快。让我们鼓足干劲,勇攀科学高峰,纵游技术大海,保持"先行官"的荣誉,向铁路现代化大进军!

原载 1980 年《铁道知识》试刊号

科普宣传要讲求思想性和科学性

——在中国自然辩证法研究会成立会上的祝词

中国自然辩证法研究会经过三年的筹备工作，今天正式成立了。我代表中国科普作协向大会表示热烈的祝贺。

祝中国自然辩证法研究会成立后日益成长，不断取得新胜利！

祝中国自然辩证法研究会第一次学术会议开得成功，取得丰硕成果！

从历史上来看，科学普及工作与自然辩证法的普及工作一直是并肩前进的。在中世纪，哥白尼提出日心学说，哈维发现了血液循环，这些先进的学说的宣传正是向神学的挑战。这既是科学普及的流血斗争史，也是自然辩证法宣传的流血斗争史。正是在与宗教恶势力的殊死斗争中，我们并肩战斗，结下了历史悠久的战斗友谊。以后的科学技术发展的历史，都证实了这一点，在我国也不例外。

回顾"四人帮"横行时期,科学和科学普及工作受到严重摧残,马列主义哲学和自然辩证法受到了肆意篡改。"四人帮"垮台了,我们一起苏醒了,又站在一起了。许多自然辩证法学会的会员也正是我们科普作协的积极分子,这也可以说明我们关系之密切。

我们科普宣传,要讲求思想性和科学性。这体现在不仅要准确地宣传具体的科学知识和先进技术,还要宣传科学思想、科学方法,要讲科学史,这就离不开自然辩证法,这就要同时宣传自然辩证法。在自然辩证法的宣传工作中要有事实、有论据,这就要讲科学、讲科学方法、讲科学历史。自然辩证法离不开科学,自然辩证法也要同时进行科普宣传。真是你身体里有我,我身体里有你。我们是不分彼此,各有侧重,互相补充,并肩前进。

在当前,我们正面临着科学技术发生伟大革命的时代。宣传科学技术的新成就,研究科学技术发展中的新问题,正是我们共同的任务。让我们进一步携起手来,为祖国四化建设,为培养一代社会主义新人,共同做出新贡献!

祝大会成功!

祝同志们身体好!

1981 年 10 月 28 日

科普工作正规化，科普与自学相结合

　　我国科普工作，自1950年中华全国科学技术普及协会成立后，已有三十一年历史。在党的领导下，经过长期的宣传和努力，现在已经发展到家喻户晓的程度。我在这三十多年中，亲见我国科普事业，如此飞跃发展，感到无比兴奋。今天我以86岁衰朽之年而获得积极分子的光荣称号，对于同志们的如此推爱，表示衷心的感谢。

　　老人不但身体老，精神差，工作能力弱，而且知识也逐渐老化。我在科普舞台上"表演"了三十多年，到了今天，我应该退出舞台，来到观众人群中，来看台上表演了。因此，我可站在观众的立场上，根据老马识途的往事，来总结自己的经验，并对活跃在舞台上的"演员"同志们，来提出我的一点意见，请各位批评指教。

　　现在提两个问题：一是科普工作正规化，一是科普与自学成才相结合。

科普工作的本身,是教育的一种形式。对进行科普工作的组织或单位来说,这个工作应当正规化,对接受科普工作的群众来说,这个工作应当与自学成才相结合。

什么叫正规化? 就是要实现合于理想的、正确的、有规律性的、经得起长期考验的任务或目标。比如教育,现在把从国外输入的小学、中学、大学的系统学习的制度叫做正规教育,而把其他各种集体学习形式,如夜校、函授、广播、各种训练班等等都叫做社会教育,其区别在于学习期间是否从事生产劳动。脱离生产而以全部时间进行学习的为正规教育,而一面生产一面学习的为非正规教育,以致社会上重视脱离生产的教育,以能接受脱产教育为荣。然而我国有十亿人口,现在连小学都不能完全普及,要使脱离生产的大学教育普遍发展,来满足社会上的需要,是绝对不可能的。现在所谓正规教育,实际上只为全国极少数的人服务,但要全国人民担负他们的教育费,成为特殊化的教育。我认为,在我们社会主义国家,应当把业余教育当做正规教育,人人生产,天天学习,而把多种脱离生产的教育,都当做是特殊教育。在四个现代化中,科技现代化为关键,而要使科学技术成为关键,则要靠教育的普及,特别是业余教育的普及。业余教育在我们这样的大国,也非一时能普及,因而就要靠科普工作来补充。科普工作应当是全民教育中最能大众化的、最有弹性的一种教育形式。它本身应当力求完善，真正能够达到所赋予的使命。这是个长期的、艰苦的工作。从现在各地方各时期所进行的零碎的、不平衡的科普工作来看，好像这是很遥远的前景。然而我们全国各地，都在逐步增设科协组织，负责进行科普工作。如果统一认识，为了四化建设，每一地方都订出科普工作的规划，以达到正规化为目的，这不是不可能的。一日有一日的成绩，一年有一年的成绩，只进不退，积累多年的成绩，能使当地的科学技术水平不断提高，那就算是表现出科普工作正规化。

科普工作的对象，一般都是挤出时间来接受教育的，目的都是为了增长科学知识，希望对于所从事的生产劳动（广义的）可以有所帮助。他们的时间非常宝贵，科普工作应给予最大的帮助，表现在迎合需要，有系统、有启发、有新的内容，在正规教育和业余教育还未能普及的情况下，发挥良师益友的作用。要实事求是，要持之以恒，也就是要正规化。

对接受科普教育的群众来说，如何能获得最大的收益，则要靠自学。正规化的科普是自学成才的导师。

"自学成才"这个词，好像是近年来才提倡的一种学习方法。其实这本是我国数千年来，在新式的学校制度输入以前的最普遍的自我教育的行之有效的方法。直到19世纪末，我国最盛行的教育方式还是在私塾中学习，一位老师开班，传授七个八个门徒，各读各的书，当然只是文史而非科学。这种形式的教育，可以上溯到宋代。比这更早的形式为"家学"，更早的在夏代有"校"，殷代有"序"，周代有"庠"，唐代起直到清代，都有"书院"。这些都不是今天的学校，而有些像今天的"学会"。总而言之，在我国历史上的教育制度，都是在全国范围内提倡"自学成才"，其目的是通过国家考试，获得"学位"，如秀才、举人等，以便做官。对于地大人多的国家，像我国，这确是可以采用的一种教育制度。它不需国家担负学习中的生活费用，而且各人自学，可以选择最适合自己条件和兴趣的学科，比起今天小学、中学、大学的脱离生产的集体学习，自由得多。在这集体学习的制度下，同一班的学生，读同样的书，有同等的水平，求同样的速度，每班有一定的名额，每人有规定的年龄，考试用同样的试题。学校造就人才，就像工厂里的大批生产一样，用同样的原料，经过同样的工序，在同样的时间内，经过同样的检验，最后生产出同样的产品。但是工厂产品可有同样的用途，而学校学生毕业后则各走各路，不可能都用其所长。在发挥作用这点上，自学如加以辅导，更有便于实践的机会。只要勤奋刻苦，孜孜不倦，其成才可能，未必亚于脱产学习。而且自学可有各种自由，如科目、课本、时间等都可自己选定。如果在自学的同时,能参加一种科普教育,而这种科普工作是正规化的,则自学效果必然更好。正规化的科普工作,与千万人的自学成才相结合,就可形成一种世界所无的最新式的教育制度。这个制度在我们十亿人口的国家,就可发挥最广泛、最实际的作用,更快地促进四个现代化,来振兴中华!

原载 1982 年 5 月 7 日《北京科协动态》

科普是传输科学技术的桥和船

——《科普创作概论》代序

要过河就需要桥和船。

科普就是传输科学技术的桥和船。因为，先进的科学技术成果如果不向人民群众推广普及，就不能为社会所接受，变成改造世界的物质力量，也就不可能跨越科学研究与实际应用之间的那条河。

科研和科普是相辅相成的。科研是为了研究解决人们尚未认识和尚未解决的问题，是从知其然到知其所以然；科普是要使更多的人既知其然也知其所以然。在这个问题上，也包含着对立统一的辩证法。同样的积累知识，对我是科研，而对人也许就是科普。可这两者的关系却又绝非不可转变，昨天的科研能变成今天的科普；同样，今天的知其然，亦能转化为明天的所以然。对科学技术来说，提高的最终目的是为了广泛应用，故要提倡"在提高的指导下普及"，而对于普及中产生的新问题,又要强调"在普及的基础上提高",两者缺一不可。因此,只有正确地处理科研与科普间的矛盾关系,才能使科研和科普在人类认识的长河中互相促进,满载扬帆,驶向彼岸。

科普这个桥与船的作用,还更多地体现在人才培训上。在我国,学校教育的发展,是很难在近期内满足广大群众的需要的。这就要求除了办好各种教育外,还需要大力开展群众性的科学技术普及活动,通过各种方式提高广大群众的科学技术水平。从某种意义上讲,它是学校教育的发展和延续,它既能填补因学校教育的局限性所引起的不足,又能与广大青年自学成才相结合,为社会培养人才。所以,科普工作的群众化、正规化是个极其重要的问题,尤其在我国目前进行的四个现代化的建设中,更是如此。但要达到这个目标,是要花费很大气力的。这就要求科技人员首先应该亲自搭桥和驾船过河。

桥如何搭?船如何驾?在《科普创作概论》这本书里,是不乏其例的。它不仅总结了过去的经验,还比较系统地探讨了科普创作的理论,使我国的科普工作有了一个新的开端;同时,也为科普人才的培养和科普工作的正规化创造了条件。

希望我们的科技工作者、教育工作者以及所有立志于发展祖国科技事业的人们，能够通过这本书学到一些架桥和造船的本领，不断地向社会传播先进的科学技术，培养出一代有知识有技能的新人，为全面开创社会主义现代化的新局面做出应有的贡献。

1983 年 2 月 28 日

读书最乐

少年是人生的第一步，是积累和丰富学识的开端。如何迈好这第一步，对每个少年儿童说来，都是个重要的问题。它不仅关系到他们今后的进步与发展，也影响着他们的前途和希望。

怎样做才算是迈好了这一步呢？我以为，这第一步的落点，首先应该是放在学习上的，也就是说，要让孩子们从小就养成一种读书习惯，肯动脑筋，多思考，懂得只有通过读书才能使他们得到学识与才智的道理；同时，也要让他们知道人生是有限的，只有在少年时抓紧时间学习，才不至于以后有"少小不努力，老大徒伤悲"的伤感。下面就分三个方面来谈这个问题。

一、读书与事业和理想的关系。不言而喻，读书与事业和理想的关系是十分密切的，但事实上，很少有谁能在一开始就把这二者的关系处理得很好。我们现在所能看见的那些理想和事业上的成功,大抵都只是结果而已,可作为奋斗的初始,都是付出了一番艰苦的努力的。有时,一个决心,甚至要经过多次的反复,才能最后确定下来。在这一点上我是深有体会的。我生在寒士家庭,父辈虽多是教育家,但我却没从他们身上遗传到多少酷爱学习的天性。上小学时,学习成绩一直在中等水平。可后来,我觉悟了,认识到了读书的重要性,终日发愤,学习成绩一跃成为全班前列。为什么呢?这里有个特别原因。在当时社会,所有学校都是为富人们开办的,那些达官贵族的子弟,庸俗轻狂,常常打骂和羞辱一些穷学生。我家向来与豪门无缘,自然亦在他们攻击之列。故每次在受其委屈时,总免不了立志读书,决心要在学习上压倒他们。除此之外,还有社会现实在我心里引起的反响。

我13岁时,正值安徽警官学校校长徐锡麟刺死安徽巡抚沈恩铭。徐后在安庆起义,进行革命,不幸事败被杀以及后来连累绍兴的秋瑾女士亦遭此刑的时候,社会风潮四起,校内的一些同学也个个义愤填膺,感慨激昂,我也受此潮流之激励,曾用剪掉辫子的做法以示支持革命,并发誓要努力读书。虽然那时,我还不太懂得什么事业,但有一点是明白的:"国家兴亡,匹夫有责。"为了国家以后的振兴,必须好好学习。

由此可见,读书是事业的一部分,而事业中又不能没有理想。许多时候,读书只有和事业及理想结合在一起,才有意义。但是人在学习中,单有热情是不够的,其中还需要强调长久,要有一种持之以恒的精神。读书是件苦事,故要求有一个坚定的理想,只有这样才能以苦为乐,在学习上有所建树。所以,读书与事业、理想是不无关系的,有了正确思想的指导,刻苦加上勤奋,可以说就有了好的开端。

　　以上这些话,无非是告诫人们时间的宝贵以及要合理地使用它们。在我国历史上是不乏这样的例子的。经验证明,方法问题不能忽视。

　　二、读书的方法。读书就是为了更多地接受知识,但要想真正达到扩大知识和陶冶性情的目的,就要有个好方法才行,俗话说的"诀窍"就是这个道理。当然同科学一样,读书要有严肃的态度,绝非"诀窍"所能代替,但我们所说的"诀窍"和严肃是并不矛盾的。从某种意义上说,"诀窍"是种催化剂,它能使我们以有限的精力做出更多的事。这里又牵涉到了时间问题。外国有句谚语,叫做"时间即是金钱",有钱才能买东西,关键是我们应该怎样使用最少的钱买更多的东西。晋代的大诗人陶渊明也说过一句话:"大禹圣人,乃惜寸阴;至于众人,当惜分阴。"因此,方法是不能忽视的,它的好坏与否,能直接关系到我们的学习成果和进取的快慢。

我对时间一向是抓得比较紧的,在唐山读书的时候,曾订过一个"自修表",对每门课程用多少分钟,都订得清清楚楚,同时,还保留两个五分钟的休息时间,从此严格遵守,果然行之有效。这是就时间而言,而具体到读书上,就更要讲究方法。一门功课的内容,会有难易之分,遇到难的地方,就要特别用功,务必把它弄懂。但作为方法中最重要的问题,订计划要先了解需要与可能,不要订得太紧或太松,而几经修改后,一定切实执行,千万不能半途而废。好的读书方法与理想是相互并存的,只要理想而否定方法,势必会架空自己的志向,造成混乱;只要理想而不注意方法,也会使前进失去方向,陷入歧途。因此,方法与志愿是必须相结合的,只有这样,在学习中才能做到抬头有路,落脚能到。

　　有时,书中有一些经典的段落更要背熟。记得小时候,父亲就经常让我背诵一些诗词,甚至给我规定了时间到时必会。为此,我背出了《阿房宫赋》等许多古文,直到现在,还依然记得很清楚。背书的好处是增加了我的理解力,以至于后日所用之处随手拈来,毫不费力。

　　三、书目的选择。一般说来,书籍是知识的宝库,自然界和人类社会的一切,都能通过它而得到反映。所以,少年儿童在学习基础课的同时,还必须多读些课外书。所谓课外,无非就是非课堂所学,可书海浩瀚,究竟哪些是可读的范围呢？这确是个值得讨论的问题。

在日常生活中，许多人主张孩子要"专一"，即单纯地学一种学问或只看一种书，认为这样就会对日后的成才有好处，甚至有的人连基础课都忽略了。我认为，他们的这些做法是非常错误的。少年，正是孩子们接受力最强的时期，对一切都有兴趣，其特点是，聪明好学，充满了求知欲。我们只有在这个阶段向他们提供多方面的知识，才不至于使他们走向知识的贫乏而导致终身受累。

所以说，在少年儿童中提倡一种多读、多看、多思考的学风是非常重要的。只要条件允许，就要尽可能地开阔学习视野和扩大知识的范围，鼓励他们爱文学、爱天文、爱艺术及一切能增长他们学识的事物，但同时又要避免好高骛远，不切实际地追求过高或过远的目标，要把理想与现实之间的关系摆正。可这并非就不要专，对于那些接受知识全面，又具有一定专一条件的孩子，还是要积极鼓励的，但要提倡在老师正确方法指导下的专和博的统一。其次，还有个学科学的问题，随着祖国现代化的需要，在现行教育中，应该让孩子们懂得一些基本的科学道理，掌握一些自然和人类社会中的客观规律。可以采取看报、参观和听报告等各种方式，引导他们的幻思与深思，循序渐进、慢慢积累，最终达到逐步定型的目的。

总之，在全国的少年儿童中大力开展一场读书的活动是非常必要的，它既能唤起孩子们在生活中的积极性，也能弥补因课内教育的不足。只要他们有决心，真正做到锲而不舍，就能成为一个有社会主义觉悟、有文化的劳动者。

少年是人生的第一步，让我们广大少年儿童，在这征途的起步时，都有一个坚定的决心和步伐吧！

1983 年 3 月 5 日

读书最乐

中国是世界技术的摇篮

——谈古代科技的珍贵遗产

　　我国历史上首次出国展出的大型综合性科技展览"中国古代传统技术展览会"继在加拿大第一大城市多伦多展出后,又于1983年6月1日在美国芝加哥隆重揭幕。在加拿大展出的半年期间,观众达到115万人次以上,盛况空前,取得了极大的成功。赴美展出以来,又再次引起轰动,在北美掀起了"中国热"。观众热情地赞叹:"正当欧洲经历一千年漫长黑暗的时代,中国却已经兴旺发达!展览的材料表明,中国不愧是世界技术的摇篮!"不少华裔家庭让没有到过大陆的子女认真赴会参观学习,补上民族传统、祖国文化这一课。侨胞们观展以后,欢欣鼓舞,奔走相告,都认为这次展览长了华人的志气,以自己是中国人的一员而感到骄傲!

对人类文明做贡献

这次展览用事实说明：在我国古代科学技术发展史上，曾出现不少杰出的人物（例如张衡、郦道元、徐霞客、祖冲之、华佗、扁鹊、李时珍、毕升、沈括等），他们取得了一系列发明创造的辉煌成就，从而使得我们中华民族可以毫无愧色地立于世界民族之林。我们的祖国曾以这些成就，对整个人类文明做出了自己应有的贡献！

解放以后，我国出土文物的发掘、整理和研究，在验证古代科学技术的成就中，起了重大的作用。早在1950年，中央人民政府就颁布法令，规定古迹、珍贵文物图书和稀有生物的保护办法，并且颁发古文化遗址的调查发掘暂行办法。三十三年来，出土文物的数量之多，价值之高，都大大出乎人们的预料之外。例如河北满城西汉刘胜墓中的"金缕玉衣"；湖北江陵凤凰山西汉文帝年间的古墓中有非常完整的男尸一具，外形和内脏的保存都胜过长沙马王堆汉墓中的女尸；陕西岐山、扶风交界处发掘出西周大型建筑遗迹；陕西咸阳发掘出秦始皇时代宫殿的遗址，临潼县又发掘出始皇陵和兵马俑；广州市发掘出秦汉时代的造船工场遗址；湖北随县发掘出汉代大型编钟等等。这些出土文物的精华部分，确乎使人大开眼界,叹为观止。

古代科技领先世界

　　出土文物的大量发掘,使世人对我国各民族文化遗产的丰富宝藏,有了崭新的认识;其中,特别是对我国古代科学技术的光辉成就,印象格外深刻。因为,从许多文物和遗址中,首先可以看出,两千年前我国劳动人民的工艺技巧,在许多方面已经达到炉火纯青的地步。这里说的工艺技巧,既表现在金属、玉石、木材等物质材料的生产和利用上,也表现在各种原材料的结构和装配的先进技术方面。从中不难推断,早在两千年前,我国的采矿工程、冶金工程、土木工程、机械工程,甚至还包括化学工程,都已经达到了相当高的造诣。我们常说的科学水平,往往是在工艺技术中得到体现的;而工艺技术之所以成功,必然有它的科学道理。这就证明了:我国古代劳动人民通过生产实践,已经掌握了自然界里物质运动的一些规律。在自然科学方面,表现在对天文、数学、物理、化学、地学、生物学、医学、药物学等,开始分别形成了科学概念和科学体系;在气象学、地震学上的成就,则处于当时国际上的最前列;在数学上的某些成就(如祖冲之的圆周率),竟超过西方世界一千年。在技术科学方面,我国有举世闻名的四大发明——造纸、印刷术、火药、指南针；在各种工程上的成就更是不胜枚举，最突出的例子，有四川灌县的都江堰和河北赵县的赵州桥，后者已有一千三百多年的历史，而它的"敞肩拱"技术，至今桥梁工程中还在应用，并且在它的基础上，又发展出新型的"双曲拱"。所有这些古代科学技术的成就，都是我国人民几千年来勤劳勇敢、机智奋斗的结果。我国人民有无穷的智慧和力量，富于积极性和创造力，这不但表现在政治、经济、军事和文学艺术方面，也同样表现在科学技术方面。我国古代的科学技术，在当时国际的竞赛场上是处于领先地位的。近代中国科学技术之所以落后，有它特定的原因，并非出于必然。作为炎黄子孙，我们有理由对自己的祖先的成就引为自豪。

盼展览能在港举行

"中国古代传统技术展览会"除在芝加哥展出外，还将从1984年10月起到1985年上半年，在美国另外三个大城市——西雅图、亚特兰大和纽约市巡回展览。作为这个展览会的筹备委员会主任委员，我希望一部分港澳同胞、台湾同胞和海外侨胞，尽可能争取得到一个机会，参观会上展出的五百余项精彩展品，先睹为快，一饱眼福。我尤其希望港九方面的有识之士与爱国团体,能与中国科学技术协会合作,选择适当时机,共同在香港举办同一展览,使东南亚的几千万华裔和侨胞,都能就近参观,从而,进一步加强中国民族文化的凝聚力,继承和发展我国古代科学技术的伟大成就,提高信心,同心同德,在今天国际间这场新的科学技术的竞赛场上,再接再厉,急起直追,迎头赶上,为实现四化、统一祖国、振兴中华,做出自己最大的贡献!

原载 1983 年 10 月 16 日香港《大公报》

为祖国、为人类做更大的贡献

——给青少年的一封信

人们问我："当您进入到九十高龄的时刻,您想对全国青少年谈些什么呢?"我几乎可以不假思索地回答,我经常想念着他们,期望他们快快成长,接好老一辈的班,为祖国、为人类做出更大的贡献。

我们正在从事前人没有做过的伟大事业。2000 年要实现工农业总产值翻两番,21 世纪中期要赶上世界先进水平……这一辉煌前景不正要靠我们几代人去接力完成吗?

我的青少年时代,正当国势衰微,所以,我也与同时代的一些人一样,是抱着科学救国的幻想去学工程、研究科学和造桥的。但是,只有在中国共产党领导下,建立了新中国,人民才有幸福,科学也才有了用武之地。这一鲜明对比,我的体会是深刻而难忘的。实现四个现代化的关键是科学技术现代化。特别是面临世界新技术革命的挑战,更需要我们在科学技术上急起直追。掌握现代科技知识，攀登世界科技高峰，这是时代赋予我们青少年一代的历史重任。

勤劳、智慧的中国人民，在历史上曾有过许多发明创造，成为人类科学宝库的重要财富。只是由于长期的封建统治和帝国主义的侵略，到近代，我们才落后了。今天，在社会主义制度下，我们应有信心、有志气，争取尽快在经济上和科学技术上进入世界先进行列。

攻克科学堡垒，是要花大力气的。不做艰苦努力，就不能取得任何成就。我过去曾经把自己的学习经验概括为十六个字："博闻强记，多思多问，取法乎上，持之以恒。"老马识途，我现在把这十六个字送给青少年朋友们，也许还有点用。成才有多种途径。系统的学校教育固然能培养人才，但对于没有机会进入大学的人，靠勤奋自学也同样可以成才。历史上许多科学家、工程技术专家、军事家、文学家、艺术家都是通过自学取得成功的，应当说，自学成才的道路十分宽广。从根本上看，人的一生大部分时间不在学校，在实践中学习是最重要的。

人类认识的长河，我们才走了一小步，自然界和社会尚未被我们认识的领域还有很多、很多。在科学的道路上要敢于探索未知，不要拘泥于前人的足迹。继承人类科学文化遗产是必要的，但更要勇于创新。

最后，还想提醒青少年：在学习国外科学技术过程中，千万不要盲目地追求，要有选择。我们搞四化是社会主义的四化，最终目标是实现共产主义——这就是我们的理想。我们今天学习、工作都为了明天的共产主义。

努力吧，新一代的青少年们，时代在向你们召唤，未来属于你们！

原载 1986 年 1 月 3 日《北京科技报》

跃入无限广阔的知识海洋

——《第二课堂丛书》序

青少年是世界的未来，国家的希望。在新的世界技术革命的挑战面前，教育只有面向现代化，面向世界，面向未来，才能造就出 21 世纪的一代新人。单纯以课本、课堂和教师传授知识为中心的传统教学方式，已很难使学生更快更广地获取新知识，很难充分地实施因材施教的原则，使每个学生的聪明才智都得到发展，很难培养出成千上万具有创造志向、创造才干和良好科学素质的现代化人才。

学生在上学期间，无疑应该学好教学大纲规定的课堂内容，打下系统而扎实的知识基础；但还要创造条件，更多地运用报刊、广播、课外书籍等来补充新知识，广泛开展形式多样的动手动脑的课外科技活动。通过以实践活动、社会教育、家庭教育和学生自学为中心的"第二课堂"去获取多方面的知识，锻炼各种能力。这样，课堂学习和课外活动相辅相成，相得益彰,才能培养出具有很强适应能力的、全面发展的开拓型、创造型人才。

　　编辑出版这套"第二课堂丛书"是一种尝试,虽然与"第二课堂"所包含的广阔天地相比,它只是一个小小的枝芽,但它却可以作为一块跳板,引导青少年跃入无限广阔的知识海洋,让他们自己去游泳,去拼搏,破浪前进。

1986 年 9 月

奔向金色的明天

——《少年知识大全》序

人生是美好的。少年时代则更是黄金时代,闪耀着灿烂的光辉,充满希望。幻想,焕发着初春的清香和蓬勃的生气,少年是未来世界的主人。未来的主人需要全面的知识结构、发达的智能水平,需要用人类创造的知识精华来丰富自己的头脑。这里奉献给少年朋友的,是广博的知识海洋中的几朵璀璨的浪花,它将引导你在壮阔的知识海洋中遨游,去观赏人类用心血筑起的雄伟的知识大厦,去吸吮人类文明的甘甜乳汁,去采撷人类智慧的花朵,去领略人生的真谛,开创美好的未来。

《少年知识大全》一书,围绕少年所应具备的知识和能力,根据少年成长发展的需要,分为各自独立又密切联系的七大篇。"成才篇"将告诉你成才需要哪些条件,成才有什么奥秘,告诉你怎样才能认识和把握自己,成为情感高尚、意志坚强、气质优雅、性格良好的人,告诉你怎样才能提高注意力、观察力、记忆力、思维力、想象力和创造力等。"德育篇"将帮助你成为思想健康、知法守法、具有崇高美德的人，并帮你打开世界的大门，让你认识社会，认识世界。"智育篇"则采集课本的精华，帮助你进一步巩固所学的基础知识，并帮助你把这些知识转化为各种能力。"体育篇"将帮助你成为精神健康、体魄健美的人。"美育篇"向你展示出人类所创造的艺术精华，介绍有关的艺术常识，帮助你培养高尚的审美情趣，提高认识美、鉴赏美、创造美的能力。"劳动篇""生活篇"能帮你学会自己管理自己、料理自己，提高动手能力和日常生活能力，掌握衣、食、住、行的一些基本常识和技能；解答少年生长期所易出现的一些疑难问题，帮助少年朋友"安全"地从少年期过渡到青春期。总之，我希望本书能成为你的良师益友，帮助你健康成长，伴随你度过美好时光。

古人说："泰山不让土壤，故能成其大；河海不择细流，故能就其深。"一个人只有勤奋学习，博闻广识，全面发展，才能勇敢坚强、永远立于不败之地，才能在生活和工作中得心应手、游刃有余，才能创造出丰硕的成果。少年朋友，"盛年不重来，一日难再晨。及时当勉励，岁月不待人"，未来是光明而美丽的，我祝愿你们成为有理想、有道德、有文化、有纪律的一代新人，大步奔向金色的明天，去那科学的高峰上摘取金灿灿的果实。

1989 年 12 月

科学普及是时代的需求

每一个时代有它各种必需的需求，就是处在那个时代的人，一定要有他不可缺少的生存和生活的条件。在那个时代以前和以后的人，都有不同的生存和生活的条件。而每一个时代的生存和生活条件都是经历过不知多少劳力和智力才创造出来的。因此，每一时代的人，既然享受了前代人为他创造出来的条件，他就该为他下一代人创造更新更好的条件来补偿，为人民历史谱写新的篇章，为此世世代代绵延下去，日新月异地创造出人类所能生存和生活的条件，这就是人类文明所能发扬光大的简短的历史。

我们今天所处的是什么时代呢，是我们中华民族有过五千年文化历史的时代，是原子能、计算机、激光等新科学、新技术发达的时代，是新的世界大战的危险依然存在、动荡不安的时代，对我国来说，是处在社会主义向共产主义过渡的时代,那么,我们在今天对生存和生活,该要有什么样的条件呢,我们该要有什么样的时代要求呢?

我们的目标是把我国建设成为四个现代化、繁荣富强的社会主义强国!

首先必须了解,所谓现代化有不同时间与不同空间为起点,我们四化的时间起点,是建国三十周年开始;我们四化的空间起点,是随着工农业发展的水平,在全国各处因地制宜逐步前进。四化中科学技术为关键,也就是宝库的钥匙,掌握了科学技术,工农业与国防建设中的关键问题,就可迎刃而解。因此,我们现在所处时代的要求,也就是我们创造今后生存和生活的必需条件,就是要掌握科学技术,掌握世界上最先进最有用的科学技术。我们的人民就必须极大地提高科学文化水平,掌握科学知识。北京人民广播电台和北京科协联合举办的《大众科学》正是为极大地提高各民族科学文化水平起到了积极作用。它生动活泼,向全市人民介绍了许多通俗易懂、浅显有趣、内容新颖的科学知识,是普及科学知识的极好形式。

科学与技术不是一回事,科学是理论,技术是实践,但两者必须结合,而科学必须从实践中验证和检查,技术必须由理论来策划和实施。科学是为生产需要而发现自然界物质运动的客观规律,并使之系统化;技术是利用自然界的内在规律而变更其性质与作用,使之为生产服务。两者都与生产密切相关,故科学技术现代化成为一切生产的关键,而掌握科学技术就成为生产现代化的最基本条件。如何掌握呢?正规教育当然最需要,但全部脱产学习,对我国九亿人口来说,是不可能的,其唯一可行之道是进行业余学习,也就是大规模地推行科学普及工作。这里"科学"二字包括技术,科普的对象是生产者。从科学技术讲,可有各种水平,除初级者外,也可包括对于某种科学技术虽是低水平而对其专业则是高水平的或在一个场合他是听讲者而在另一场合则又是主讲人。做好科普工作即可大大推动四个现代化。如果说,实现四个现代化是我国今天的时代要求,那么如果要满足现代化的要求,就必须先把科普工作当做我们今天时代的极其重要的生存与生活的条件!

在宣武区少年官的演讲

青少年同志们：

全国科学大会的闭幕式上，郭沫若院长在发言中说："科学的春天到来了！"现在，我在这个春天，来和各位青少年同志们见面，向各位讲话，感到十分高兴，各位都在这样的春天里成长，天天向上，前途似锦，我祝贺各位在学习上取得一个大似一个的新胜利！

上一个月我在崇文区三好学生代表大会上讲过一次话，后来在北京电台广播里和《北京日报》上发表过，各位也许听到或见到了。我对三好学生提出三件事，希望努力做到：一是要有雄心壮志，二是要有学习计划，三是要能苦战过关。现在对这三件事，再来补充一些意见。

一、雄心壮志

人的生命只有一次,而这一次的时间有限。人生不过百年,比起地球年龄,渺小得不可思议,该如何重视这生命? 而青春更是生命中的黄金时代,光阴一去不复返,青春不再,你们年轻人该如何爱惜你们的青春,利用你们的青春呢? 就要一分一秒都过得有价值,有收获,有成绩拿得出来。拿什么东西呢,就要有目标,有值得干的目标,愿意为之奋斗终生的远大目标。人生就是奋斗,阶级斗争、生产斗争、科学试验都是奋斗。要想不怕苦不怕死来夺取这个远大目标,就要树雄心立壮志。你们现正在学习,正在提高科学文化水平,你们该多么幸福,但同时不免顾虑,顾虑什么呢——如果水平提不高怎么办呢? 你们当中,有没有人,因为听到攀登科学高峰,要多么多么艰苦,因而退缩不前呢? 我要为他们打气,要知道无论多高的山都攀登得上去,珠穆朗玛峰是世界第一高峰,我们中国人不是登上了吗? 至于科学技术,我国古代是有辉煌历史的,在 15 世纪以前我国的科学技术水平是高于欧洲的,我国人民是有提高科学技术水平的本领的。有一位外国人评论我们的科学大会说:"搞科学技术是中国人的拿手好戏!"你们听到了吧,该鼓起勇气吧! 当然,你们现在还未登山，只是在准备登山，但是要准备好，就是要学习好；学习好是树立雄心壮志的表现。如何能学习好呢，具体来说，要有学习计划。

二、学习计划

有两个意义：一是学习内容，二是学习时间。关于学习内容，当然就是在学校所听的课，但也包括辅助读物，如报刊、文艺作品以及社会活动的收获，如看展览、看节目、听报告等等。关于学习时间是指每天下课后以及假期中的时间。

先讲时间，要每天从几点几分钟到几点几分钟都排好应学习的内容，不松不紧；从几点几分到几点几分看什么书，想什么问题，都包括在内。要保留休息时间。今天应当自修的不要拖到明天，要像看电影不会晚到那样。计划一订，就要严格遵守。

再讲学习内容和学习方法。当然，每天课堂上听老师讲的课以及看教科书是学习的主要内容，但如何能学得好并非把教科书背熟就了事，而是要了解学习中的许多问题。现在举几个例子。

（1）多思多问。最重要的是"多思"，多动脑筋去想。毛主席早年在延安为《新中华报》题词，就写了"多思"两个字。

在《选集》中毛主席还引用了唐代文学家韩愈的一句话："行成于思,毁于随。"青年人头脑最活跃,没有框框,往往会想入非非,但可能大有道理,"多思出智慧",头脑越用越灵,思路越想越阔。一个简单的事物中,可以包含着大道理。不妨把简单的事物复杂化、复杂的事物简单化。如果下过苦功,领悟出一个新的见解,就不怕"标新立异",不必"人云亦云"随风倒。马克思很欣赏诗人但丁的一句诗:"走你自己路,任凭人们去说吧。"(《资本论》序言)

多思然后才能多问。我国过去常把"学识"当做"学问",是很有道理的。只有多问才能把不懂的东西变懂,把无知变有知,把半知变真知。向老师问,向同学问,向认得的老年人问,也要准备同学来问你自己,对于真懂的东西也不要怕为人师,可以相互启发,彼此交流,集思广益,取长补短。对于书上说的话,要寻根问底,一个字都不轻易放过。要做书的主人而非盲从的人。

(2)根深叶茂。种树要根深之后才能叶茂,造房要基础好才能起高楼。你们现在学习,就是种树根,打基础。但是学习得好,也可有独创见解,帮助改进基础,使基础更牢固。也可说叶茂之后根才深。独创见解从何而来呢? 从实践来。实践是根,理论是叶;实践发展理论,理论指导实践。所以说,不能拘泥于根深之后叶茂的说法。也就是说,青出于蓝方可胜于蓝。

（3）博大精深。学习应当求其广博，还是求其精深呢？是要大而精，还是少而精？要扩大教科书的内容，还是对书中一个问题深入研究呢？应当说，先求其精，后求其博。斯大林说过："任何时候都不要拒绝工作中小事体，因为大事是小事积累而成的。"我们有句成语——滴水穿石，如果小事体不精，大事体就不能博了。一个时候的学习有一个时候的重点，这一点弄通弄透，再推广到相连的、互有关系的其他点，点多了就自然广博了。

（4）强记健忘。学习靠记忆，记忆力越强，学习越好。各人记忆力不同，难道是生理上有差别吗？不见得，多半由于锻炼的程序不同、记忆的方法不同。锻炼要从幼年开始，因为那时头脑最灵活。很多科学家、文学家、音乐家、画家等，都是年轻时做出重大贡献的，就因为锻炼得早。有人问我："你怎能记得住100位小数的圆周率的？"我说由于我在幼年时就背诵了几十篇古文，一个字一个字都记得，有了锻炼的缘故。要下苦功夫。

学习外语，要能读能写能听，重复的次数多了，就会记得住。重复是记忆之母，不同场合的重复更为有效。重复就是锻炼的过程。锻炼得少，就会忘记，谓之健忘。一般说来，总是忘记一件事比记住一件事容易。但也有例外，想忘记而忘记不了,由于记的印象太深刻了。记忆的锻炼就是要在头脑里留下印象,愈深刻愈好。

上面这些问题,在订学习计划时,都要考虑在内,要适合当时的情况,要满足自己的要求。实行计划时,遇到困难,碰到难关,怎么办呢? 叶副主席指示我们:"科学有险阻,苦战能过关。"

三、苦战过关

学习时不像搞科学研究,一定会遇到险阻,一定要苦战,就是遇到也不会那么厉害。但在学习时,就要训练苦战的本领。

苦战就是苦干,包含敢干与巧干的意思,而非蛮干或笨干。首先是敢干,有勇气去干前人没有干过的事,来做出贡献。毛主席教导说:"要敢想敢说敢干,振奋起大无畏的创造精神。"马克思说过:"在科学的入口处,正像在地狱的入口处一样,必须根绝一切犹豫,这里任何怯懦都无济于事。"(《政治经济学批判》序言)你们现在学习,正是在科学的入口,就要锻炼出这种大无畏的精神。有了苦干精神,还要有苦干艺术,就是要能巧干,要从掌握到的事物的规律中,发现矛与盾,"以子之矛,攻子之盾"。那么,就能事半功倍,勇往直前了。在苦战中，有一点必须注意，就是要劳逸结合。列宁说过："谁不善于休息，谁就不善于工作。"要把苦战当做高兴的事，就像游泳，难道没有危险吗？但是，你还是高高兴兴地去！

同志们，无限美好的未来在等待着你们，希望你们爱惜自己的青春，以分秒必争的精神，学习再学习，准备参加向科学大进军的新的长征！胜利永远属于敢于并善于攀登科学高峰的人！

1978 年

在宣武区少年宫的演讲